U0546189

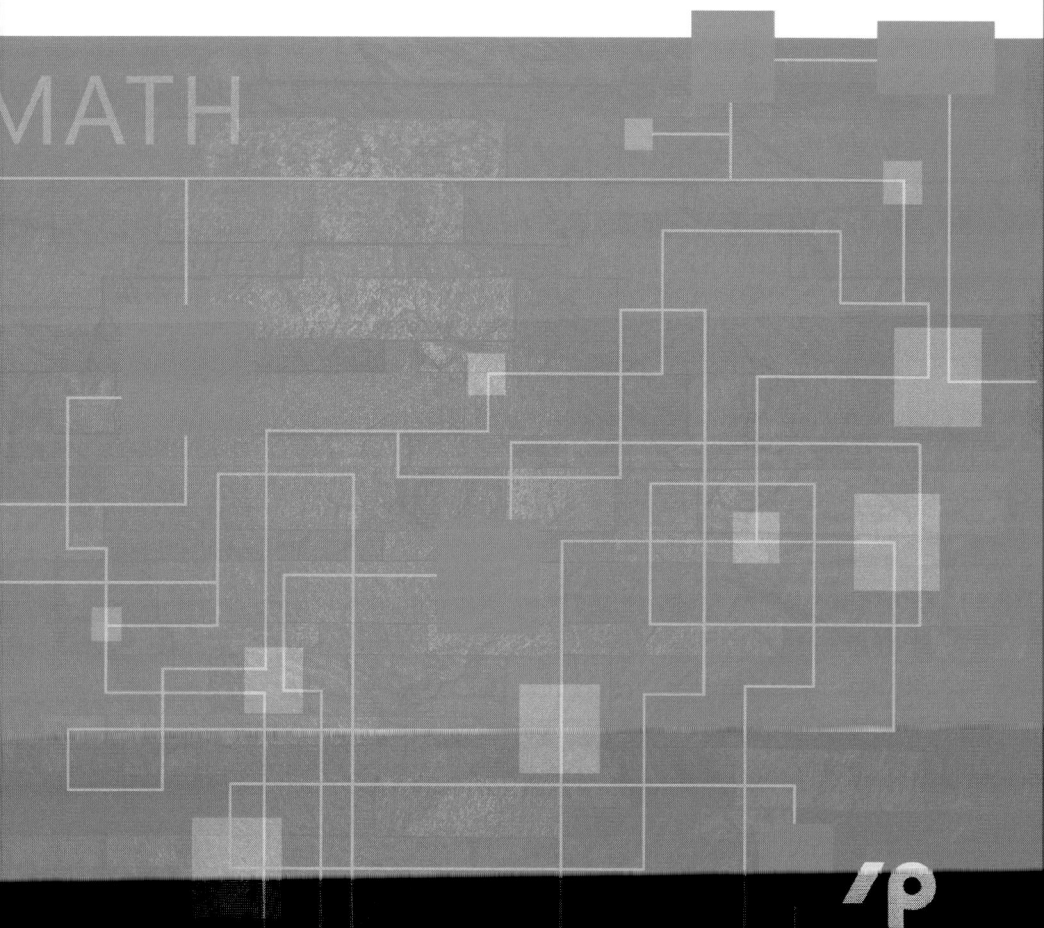

數學
讀、想

程守慶 著

推薦序（一）

　　數學是什麼？大數學家陳省身說：「大致說來，數學把自然現象抽象化，用邏輯推理獲得結論。因爲對象和方法都『簡單』，便成爲一門有力和有用的學問。」

　　數學的研究在西方起源很早，遠在埃及、巴比倫時期，由於生活需要，在平面幾何三角方面，已有相當進步。但一直要到希臘時期，數學才得到有系統的發展，如畢式定理、歐幾里得的幾何原理、阿基米德定理等，都是用簡單邏輯推衍出所有的結論，這些古典數學，不僅是歐洲十幾個世紀的數學唯一教材，直到現代都還是重要的數學知識。

　　近代數學的發展，始於文藝復興之後。十六世紀義大利數學家卡爾達諾（Girolamo Cardano）始創複數，有了複數，人們才可解任何二次方程式。到了十七世紀中期，笛卡爾（René Descartes）引進直角坐標和分析幾何，不久就有牛頓（Isaac Newton）和萊布尼茲（Gottfried Wilhelm Leibniz）的微積分，這是數學史上劃時代的進步，也是人類科學史上的分界點。十八世紀以後，科學和數學都突飛猛進，互補互成，一直發展到現在，並且影響全世界人類的生活，這些在在都說明了數學的重要性和永久性。

　　程守慶教授的新書《數學・讀、想》是一本爲大衆而寫的

書。由淺入深，從最簡單的古典等周問題開始到幾何中的等差數列，從幾個簡易的不等式開始講起，一直到黃金比例與斐波那契數列，這些問題都與日常生活有關，所用的數學，不過是幾個簡單的不等式，任何高中學生都可瞭解。而從第 6 章開始，討論的則是現代數學上幾個比較有名的問題。

第 6 章討論集合大小問題，這問題由德國數學家康托爾（Georg Cantor）在十九世紀末提出，從直覺看來，整數的個數比自然數多兩倍還加一個零，有理數的個數比整數多更多，書中用簡易明瞭的解釋，說明這一類的問題，必須要從數學邏輯的想法來看，結果是與直覺相反的。事實上，它們都有一樣多個數！另外一個有趣的問題，是線段與方形，竟然有同樣大小，因為線段可填滿整個方形！這是十九世紀末期由義大利數學家皮亞諾（Giuseppe Peano）證出，直到現在數學家還常戲稱九轉十八彎的路為皮亞諾曲線（Peano curve）。

數學的開始，就是把問題抽象化，最原始的民族，也會用自然數來數東西，後來人們發現自然數不夠用，又發明整數和有理數，在有理數中，我們可以有加、減、乘、除，這就是算術的起源，但是有理數還是不夠度量所有東西，早在公元前五世紀，希臘人就已知無理數的存在，現代的數學課本，多從實數開始講起，但要瞭解實數，不是一件容易的事，實數不同於有理數，是實數有完備性，直到十九世紀才由幾個大數學家把實數清楚定義下來，從此數學才奠定在穩定的基礎上。

第 7、8 章討論的是數學上的一個基本問題，即度量空間的完備性。第 7 章從實數的完備性開始，一直到二十世紀初一些重要定理，我自己清楚記得當年大二第一次接觸這些定理，先是不解其中的奧妙，等到想通時的興奮，自覺耳目一新，有心的讀者，應也能一窺現代數學的真味。

英國數學家哈代（Godfrey Harold Hardy）說："Beauty is the first test: there is no permanent place in the world for ugly mathematics."。凡是重要的數學，一定也是要簡單的，簡單就是美。數學之美，不同於藝術之美，藝術之美是感性的，不需要太多邏輯思考。數學之美，必須經過學習思考，然後才能領悟其中道理，換句話說，就是要讀、要想。但是讀和想的過程，是自然且循序漸進的，這本書做到了讓一般有心之人，也能快樂的欣賞數學的博大精深。

多數的數學書，很難讓一般人瞭解，一般通俗給大眾的數學書，又常常失之過淺，故彰顯出這是一本難得的通俗數學書，由淺入深。作者用清晰簡潔的文筆，解釋一些有用又有趣的數學問題，前面四章，高中生都可瞭解，後面四章，念過微積分就可賞讀，很多書講黃金分割，但是很少能解釋斐波那契數列，大家都念過微積分，但多數人沒有想過完備的證明，完整的證明是高等微積分的內容，一般人沒有機會體會其中奧妙，程守慶教授以深入淺出的推論，把這些有深度的數學介紹給大家。這本書是難得有內容、有深度的書，任何對數學有興趣的人，不論老少，必能從此書一睹數學之真與美！

美國聖母大學數學系教授
蕭美琪
2019 年獲伯格曼獎（Bergman Prize）
2020 年 10 月 15 日

推薦序（二）

　　數學這個領域，相對而言，更容易讓年輕人大放異彩，十九世紀英國數學家哈代（Godfrey Harold Hardy）曾經說："mathematics, more than any other art or science, is a young man's game"；相當於數學諾貝爾獎的菲爾茲獎（Fields Medal）也只頒給 40 歲以下的數學家。這似乎說明年輕的心智特別適合在數學的天空翱翔。

　　然而不可諱言，數學的門檻也相對較高，要能登堂入室也並非一蹴可及。想實現展翼的夢想，需要激發飛升的動力。國高中年段或大學的年輕學子，若對數學有興趣，要如何尋找合適的課外數學書籍來厚植這股力量呢？

　　想要精進數學的年輕愛好者，通常不外乎透過花時間做競賽題目或設法加強基本功這兩條途徑，如若時間有限，魚與熊掌不可兼得，後者絕對是較好的選擇。因為勤練競賽題多半在現有的高度左右盤旋，長期而言對增長數學或應用數學的功力收效甚微，難以拔高。然想要紮實練功，目前書市上卻又非常欠缺能涵養數學實力的課外書，很高興國立清華大學程守慶特聘教授新出版的《數學：讀、想》，彌補了這個空缺。

　　本書從平面幾何經過度量空間走到點集拓樸，沿途紮紮實實提供瞭解這趟旅途約略全貌所需要的重要定義和定理。有興

趣、有能力的年輕學子勉力自學或邀集同好一起研讀,可以從第一頁推進到最後一頁而不需要額外的先備知識。從數學成長的角度,參加競賽固然可砥礪檢驗學習成果,這本書提供的思考探索過程,個人認為會更有價值及收穫。基本功練紮實了,才有可能積累未來向上躍進的動能。

除了在學的學生,本書對以數學為專業的高中老師也是值得一買的優良讀物,稱職的數學老師宜對數學的橫向聯繫和縱向的深層結構有鳥瞰式的理解,以我自己為例,當年師大畢業到高中實習時,內心甚為惶恐,直到在南昌街逛書店發現台大黃武雄老師到彰中試教一年所寫下的《數學教室》一書,領受到如何提高自己立於視野清晰的制高點,受益匪淺。從國、高中數學而言,我相信這本書也能發揮此等功用,啟發在杏壇耕耘的老師如何更為有效引領學生。

這本書共含八章,前三章是古典的幾何極值問題,例如第 1 章是笛卡爾(René Descartes)所考慮的等周問題(isoperimetric problem),作者介紹了以解析方法的算幾不等式一步步帶領大家從三角形等周問題到多邊形等周問題,然後回到一般情形的原問題,最後提出多邊形等周問題其解和原問題解的關係。這本書的書名已提示讀者讀這本書時要時時停下來多想想,想想為什麼作者是這樣講解定理?為什麼作者會做如此的評論?為什麼作者是這樣安排章節、段落?當然我也建議讀者看到問題或定理先問問自己會怎樣想,不論能否先證明,讀完之後也需反思。

第 4、5 章是講解一些重要數列以及和其相關的問題。第 4 章是討論如何對平面上給定的多邊形做適當的切割,因此而生成的多邊形面積成等差數列。第 5 章是著名的斐波那契數列。作者引進線性映射的觀點來討論此數列的一般解,同時也做了

多角度的討論和推廣，例如作者討論了如何將一個 k 階（此處 k 大於等於 2）的線性遞迴數列，從線性映射的觀點推廣出去而得到這種數列的一般解。

第 6 章介紹幾何物體或圖形之間如何比較「大小」，此處所謂大小通常指的是這些物體誰的「點」「多」。比方說線段與長方形誰的點多。這問題大家可先想想：什麼是線段或長方形的「點」？又要如何呈現出來？什麼是「多」？尤其此兩種圖形構成的點都是無窮多。這些問題後來由伯恩斯坦（Felix Bernstein）和施洛德（Ernst Schröder）等人的研究貢獻，在集合論有了比較清晰的脈絡可尋。作者以簡明清晰的表達帶領大家走過這段歷史時空。

第 7 章和第 8 章帶領大家體會數學如何從早期的歐氏空間的距離概念往更廣義方向推廣的思維，在第 7 章中因而引進所謂的度量空間（metric space），這樣的思維往往也會對問題做一個整合和簡化，一些特殊度量空間和函數定義在度量空間的一些重要性質將有所介紹。在第 8 章中再度做某種層次的推廣到所謂的拓樸空間，意即在度量空間所謂兩個元素多逼近彼此是以某種度量或距離概念來描述，但這個概念可以適度地推廣，並不需要有距離的概念，而是以公設化的架構也可表達逼近的概念。這章節主要問題是哪些度量空間的性質推廣至拓樸空間可以保持？哪些不能？這兩章在抽象或深度的層次，對高中生而言是一個大躍進，雖然困難卻是極有意義的挑戰。

交大前校長張懋中先生在天下雜誌 2019 年的一篇專欄中有感而發，為什麼台灣員工只會解決問題，但缺少會定義問題的人，這是台灣教育體制下的大哉問。在此我想先從學習者角度出發，要能定義問題，需先培養敢問敢想任何（笨）問題的態度，自然也要從紮實的基本功訓練著手。當然即便一本

好書如果讀的方法和態度不當，成效還是有限。讀這本書時，在每個適當時機點都得先停下來問自己：為何會如此想，要如何推廣，如何問下一個問題，然後反思。我想這該是守慶教授將「讀、想」放入本書書名內的部分原因。

　　守慶教授是台灣少數不但能在世界頂級數學期刊發表論文，而且同時也有能力合寫由美國數學學會（American Mathematical Society）和 International Press 出版的研究所專書的專業數學家，他在研究教學兩忙之餘，出版這本能深化思考、培育數學素養的數學課外書，誠屬不易。我和守慶教授除是數學同行，兩人的子女過去還是三年高中同窗，如果當年有像這樣的數學練功寶冊，高中數學的演練想必另有不同的光影，期待此書的出版能讓數學同好撞擊出更亮眼的火花，扶搖而上九千里指日可待。

國立交通大學應用數學系特聘教授
莊重
2020 年 10 月 23 日

自序

為了寫這一本書，我已經在腦海裡構想了很長的一段時間。總覺得有必要把數學做進一步的推廣，讓更多人可以更瞭解數學。數學其實並不是那麼難以親近，只要你把它的基本結構搞懂，想清楚，大致上就可以把數學運用自如，解決生活上的一些問題。所以本書的一個主要目標，就是希望能提供一個適當的讀本，給那些對數學有興趣的人來閱讀。這當然包括了國、高中生、大學生，以及一般對數學有興趣的社會人士。為了達到這樣的目標，我也儘可能地把對讀者數學背景的要求降低，以期讓更多人可以讀懂這本書的內容。更希望讀者在讀懂本書之餘，也同時能享受數學的樂趣。這也解釋了為什麼書名會取為《數學：讀、想》，隱含有「獨享」之諧音。

本書共分八章。在每一章我們選一個有趣的主題來探討，希望儘可能地給予一個完整的論述。讀者在閱讀本書的過程中，若能充分地思考，應能從中獲得學習數學的樂趣。在第 1 章裡，我們討論了極值問題中的等周問題。在此我們引進了算幾不等式，以及凸集合的概念，並且給出了當一個四邊形的四個邊長被固定時，此四邊形會得到最大面積的充要條件。最後推得我們所要的答案。在第 2 章裡，我們也是探討一個極值問題。亦即，在一個固定的圓裡，討論所有內接 n ($n \geq 3$) 邊

形面積的極大化。這個問題基本上等價於研究正弦函數在區間 $[0, \pi]$ 的凹性，我們以平面幾何的方式完成這樣的證明。在第 3 章裡，我們探討的還是一個極值問題。在一個固定的圓上，討論所有外切於此圓之 n $(n \geq 3)$ 邊形面積的極小化。現在這個問題等價於研究正切函數在區間 $(0, \frac{\pi}{2})$ 的凸性，我們仍然是以平面幾何的方式來完成這樣的論證。至於第 4 章，我們則討論平面上凸四邊形的切割問題，並且把切割出來小四邊形的面積與等差數列做一個連結。

至於第 5 章，我們討論所謂的「黃金比例」與斐波那契數列，同時把所有由一般線性遞迴方式定義的數列完整地呈現出來。在第 6 章裡，我們介紹集合論。基數的概念是本章的重點。在透過康托爾–伯恩斯坦–施洛德定理與策梅洛公設，最後我們證明了一維的線段和二維的正方形是等勢的，亦即，它們有同樣的基數。在本書的第 7 章與第 8 章我們則是把傳統的歐氏空間推廣到度量空間，再到拓樸空間。在其中我們引進了函數連續性的概念，以及空間的連通性與緊緻性。在度量空間上我們以較具體的概念來特徵化緊緻性。至於在拓樸空間，最後我們則是以有限乘積的吉洪諾夫定理作為結束。

這一本書沉寂在我心中一、二十載，如今能與大家共享，首先要感謝賈堅一先生的引薦與華藝學術出版部的鼎力支持，才得以如願。同時也要謝謝新竹地區一些高中數學老師幫忙看了一些章節。清華大學數學系博士班楊佳晉也花了不少時間閱讀完整本書的初稿，並且給予不少有創意的建議，在此更要特別謝謝他。另外，也要感謝美國聖母大學數學系蕭美琪教授與國立交通大學應用數學系莊重教授在百忙之餘幫忙寫推薦序。最後也要感謝我的家人，讓本書得以問世。

程守慶　2020 年 10 月於新竹

目錄

第 1 章 極值問題（一）：等周問題   1
- §1.1 前言 1
- §1.2 算術幾何不等式 1
- §1.3 三角形的等周問題 4
- §1.4 多邊形的等周問題 9
- §1.5 一般情形的等周問題 15
- §1.6 結論 18

第 2 章 極值問題（二）：圓內接 n 邊形之面積   21
- §2.1 圓內接 n 邊形之面積 21
- §2.2 正弦函數的凹性 24
- §2.3 極大值的證明 31

第 3 章 極值問題（三）：圓外切 n 邊形之面積   35
- §3.1 圓外切 n 邊形之面積 35
- §3.2 正切函數的凸性 38
- §3.3 極小值的證明 43

第 4 章 幾何中的等差數列   45
- §4.1 等差數列 45
- §4.2 三角形的切割 46

§4.3 四邊形的切割 47
§4.4 推論 54

第 5 章　黃金比例與斐波那契數列　　57
§5.1 前言 57
§5.2 斐波那契數列的一般解 59
§5.3 黃金比例 63
§5.4 斐波那契數列的一些性質 68
§5.5 推論 74

第 6 章　線段與正方形，孰大？孰小？　　87
§6.1 基數的定義 87
§6.2 集合的等勢 90
§6.3 填滿正方形之曲線 93
§6.4 推論 99
§6.5 參考文獻 100

第 7 章　度量空間　　101
§7.1 度量空間 101
§7.2 完備性 112
§7.3 連續函數 119
§7.4 緊緻性 122
§7.5 後語 133
§7.6 參考文獻 133

第 8 章　什麼是拓樸學？　　135
§8.1 前言 135
§8.2 拓樸空間 136
§8.3 拓樸基 144
§8.4 再訪連續函數 147

§8.5 再訪緊緻性 150
§8.6 連通性 157
§8.7 有限乘積空間 164
§8.8 後語 170
§8.9 參考文獻 170

第 1 章
極值問題（一）：等周問題

§1.1 前言

　　數學領域裡，平面幾何應該是最早融入人類的日常生活中，舉凡道路、房舍、城堡的規劃與測量，都會牽涉到幾何圖形的周長與面積，不勝枚舉。更常見的是，基於實際的考量，人類常會提出一些問題，比如說，在固定長的圍籬之下，如何能圍出最大的面積等等。這些問題，若經過深思熟慮，原則上都可以轉換成數學上的問題。

　　在本章裡，我們就是想對平面上的等周問題做一個比較完整詳盡的探討。也就是說，在一個給定的周長之下，我們想知道對於某種特殊的幾何圖形，何時能得到最大的面積。比如說，什麼樣的三角形，或 n 邊形，或不做任何限制的圖形，會給出最大的面積。這個答案在數學上是清楚的，我們將在底下數節裡逐一做詳盡的討論。

§1.2 算術幾何不等式

　　當我們在討論平面幾何裡極值問題的時候，除了傳統的幾何方法之外，解析方法也是一種重要的數學工具。所以，在這裡我們要

介紹其中一個很重要，也很有用的定理，就是所謂的算術幾何不等式，簡稱算幾不等式。首先，我們給如下的定義。

定義 1.1. 若 $a_1, a_2, \cdots, a_n$ 為 n 個正數，我們定義它們的算術平均數 A 與幾何平均數 G 分別為
$$A = \frac{a_1 + a_2 + \cdots + a_n}{n},$$
$$G = (a_1 a_2 \cdots a_n)^{\frac{1}{n}}。$$

算術平均數 A 與幾何平均數 G 最直接的關係，就是底下定理所敘述的算幾不等式。

定理 1.2.（算幾不等式） 假設 $a_i > 0$，$1 \leq i \leq n$，則
$$\frac{a_1 + a_2 + \cdots + a_n}{n} = A \geq G = (a_1 a_2 \cdots a_n)^{\frac{1}{n}};$$
等號成立若且唯若 $a_1 = a_2 = \cdots = a_n$。

定理 1.2 等價於下面的敘述。

定理 1.3. 假設 $a_i > 0$，$1 \leq i \leq n$。若 $a_1 a_2 \cdots a_n = 1$，則
$$a_1 + a_2 + \cdots + a_n \geq n;$$
等號成立若且唯若 $a_1 = a_2 = \cdots = a_n = 1$。

很明顯地，若定理 1.2 成立，則定理 1.3 也成立。反過來說，若定理 1.3 成立，我們可以先設 $a_1 a_2 \cdots a_n = c$。然後再令 $\tilde{a}_i = a_i / c^{1/n}$，$1 \leq i \leq n$。所以
$$\tilde{a}_1 \tilde{a}_2 \cdots \tilde{a}_n = \frac{a_1}{c^{1/n}} \frac{a_2}{c^{1/n}} \cdots \frac{a_n}{c^{1/n}} = \frac{a_1 a_2 \cdots a_n}{c} = 1,$$
滿足定理 1.3 的要求，因此得到
$$\tilde{a}_1 + \tilde{a}_2 + \cdots + \tilde{a}_n = \frac{a_1}{c^{1/n}} + \frac{a_2}{c^{1/n}} + \cdots + \frac{a_n}{c^{1/n}} \geq n,$$

§1.2 算術幾何不等式

亦即，
$$A = \frac{a_1 + a_2 + \cdots + a_n}{n} \geq c^{\frac{1}{n}} = (a_1 a_2 \cdots a_n)^{\frac{1}{n}} = G。$$
由此，便可推得定理 1.2 也是成立的。

現在，我們回到定理 1.2 的證明。整個證明的想法其實是直接的，若其中有一數大於算術平均數，就必有另一數小於算術平均數。如此便可以從大於算術平均數的那一個數減去一正數，使得它仍然大於或等於算術平均數。接著把小於算術平均數的另一個數加上同一正數，使得它仍然小於或等於算術平均數。至於其他的數則維持不變。經由這樣的修正，這 n 個新的正數仍然保有同樣的算術平均數，但是其乘積則會變大。如此便可推得，當算術平均數維持不變時，最大的乘積會發生在每一個數都等於算術平均數的時候。這也完成了定理 1.2 的證明。現在我們把定理 1.2 證明的細節整理如下。

證明： 首先，令
$$A = \frac{a_1 + a_2 + \cdots + a_n}{n}$$
為算術平均數。若 $a_1 > A$，我們可以假設 $a_2 < A$。因此，可以取一正數 $h > 0$，使得 $a_1 - h \geq A$，且 $a_2 + h \leq A$。接著考慮 n 個新的正數 $\tilde{a}_1 = a_1 - h$、$\tilde{a}_2 = a_2 + h$、$\tilde{a}_k = a_k$ 當 $3 \leq k \leq n$。則
$$\frac{\tilde{a}_1 + \tilde{a}_2 + \cdots + \tilde{a}_n}{n} = \frac{(a_1 - h) + (a_2 + h) + a_3 + \cdots + a_n}{n} = A。$$
同時注意到 $a_1 - h \geq A \geq a_2 + h$。所以，$a_1 - a_2 - h \geq h > 0$。因此
$$\begin{aligned}
\tilde{a}_1 \tilde{a}_2 \cdots \tilde{a}_n &= (a_1 - h)(a_2 + h) a_3 \cdots a_n \\
&= (a_1 a_2 + (a_1 - a_2)h - h^2) a_3 \cdots a_n \\
&= a_1 a_2 \cdots a_n + (a_1 - a_2 - h) h a_3 \cdots a_n \\
&> a_1 a_2 \cdots a_n。
\end{aligned}$$

這說明了此 n 個新的正數的幾何平均數會變大。所以，在一般的情形我們便可推得，當算術平均數維持不變之下，最多經由 $n-1$ 次

的修正，使得每一個正數都等於算術平均數時，幾何平均數就會得到最大值，且正好等於算術平均數。定理 1.2 的證明就完成了。　□

當 $n = 2$ 時，算幾不等式所呈現的結論就是 $\frac{a+b}{2} \geq \sqrt{ab}$，其中 $a, b > 0$。在這個時候，我們可以利用平面幾何的圖形來解釋它。首先作一個直角三角形 ABC，使得其斜邊 BC 長為 $a+b$，且 D 為斜邊 BC 上的一點，使得 $\overline{BD} = a$ 和 $\overline{DC} = b$。同時，以斜邊 BC 為底時，三角形的高為 $\overline{AD} = h$，如圖 1-1。

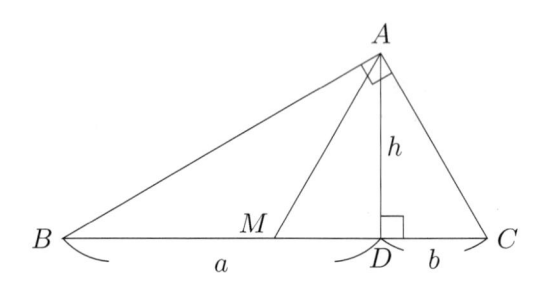

圖 1-1

接著，設點 M 為斜邊 BC 的中點。所以，得到

$$\overline{AM} = \overline{BM} = \overline{CM} = \frac{a+b}{2},$$

$$h = \sqrt{ab}。$$

此時若 $a \neq b$，利用直角三角形 AMD，便很清楚地說明了 $\frac{a+b}{2} > \sqrt{ab}$。當等號成立時，亦即，$\frac{a+b}{2} = \sqrt{ab}$，若且唯若 $M = D$，也就是說 $a = b$。

§1.3　三角形的等周問題

在介紹完算幾不等式之後，我們將從這一節開始討論平面上的等周問題。三角形的等周問題是一個很好的起始點。除了三角形的

§1.3 三角形的等周問題

幾何圖形相對簡單之外,它也隱含著一些幾何上的關鍵性質,對於後續的研究是很有幫助的。

因此,在本節中我們將假設三角形的周長為一定數 l。在此前提之下,我們主要的目標就是希望能瞭解底下的定理。

定理 1.4.
 (i) 在所有周長為一定數 l 且具有相同底邊的三角形中,以等腰三角形的面積為最大。
 (ii) 在所有周長為一定數 l 的三角形中,以正三角形的面積為最大。

關於定理 1.4 (i) 的敘述,我們將給予二種不同的證明。首先,傳統的幾何證明可以用圖 1-2 來說明。

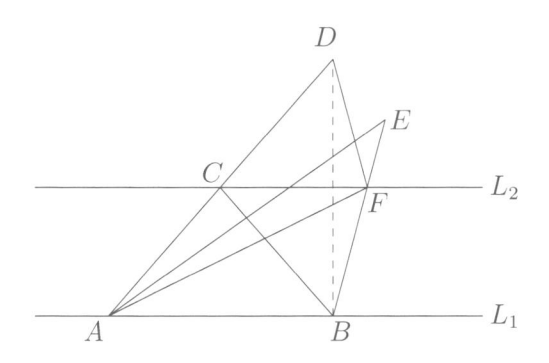

圖 1-2

證明: 圖中 L_1, L_2 為二條平行線,共同的底邊 AB 則落在直線 L_1 上。點 C 在直線 L_2 上,使得 $\overline{AC} = \overline{BC}$。所以三角形 ABC 為一等腰三角形且其周長 $\overline{AB} + \overline{AC} + \overline{BC} = l$ 為給定的定數。我們的目標就是要證明這個等腰三角形 ABC 的面積為最大。因為考慮中的三角形具有相同的底邊 AB,所以其面積完全由底邊 AB 上的高來決定,也就是第三個頂點 C 或 E 來決定。因此,當點 E 落在直線

L_1 與 L_2 的中間時，很自然地，此三角形 ABE 的面積就會小於三角形 ABC 的面積。若第三個頂點 $E \neq C$ 且 E 落在直線 L_2 或 L_2 的上面，藉助於點 B 對直線 L_2 的反射點 D，我們可以估算三角形 ABE 的周長如下：

$$\overline{AE} + \overline{BE} = \overline{AE} + \overline{EF} + \overline{FB}$$
$$\geq \overline{AF} + \overline{FB} = \overline{AF} + \overline{FD}$$
$$> \overline{AD} = \overline{AC} + \overline{CD}$$
$$= \overline{AC} + \overline{BC} \text{。}$$

這個估計明顯地表示此三角形 ABE 的周長已大於所給定的定數 $l = \overline{AB} + \overline{AC} + \overline{BC}$。所以不在我們考慮的範圍裡。這也說明了在 (i) 的假設之下，面積最大是發生在等腰三角形 ABC 的情形。 □

另外，也可以透過解析幾何分析的方式，來證明定理 1.4 (i) 的結論。

證明： 首先，我們把共同的底邊固定在 x 軸上，並設點 A 的座標為 $(-\beta, 0)$，點 B 的座標為 $(\beta, 0)$，其中 $\beta > 0$。此時注意到給定的周長 $l > 4\beta$。再令點 $C = (x, y)$ 為此三角形的第三個頂點。我們希望把點 C 所形成的軌跡找出來。由於三角形 ABC 有固定周長 l 的假設，我們有

$$\overline{AC} + \overline{BC} = l - 2\beta = 2a \text{。}$$

最後的一個等式是基於方便所做的設定，注意到 $a > \beta$。因此，若以座標呈現就可以得到

$$\sqrt{(x+\beta)^2 + y^2} + \sqrt{(x-\beta)^2 + y^2} = 2a \text{。}$$

所以，

$$\sqrt{(x+\beta)^2 + y^2} = 2a - \sqrt{(x-\beta)^2 + y^2} \text{。}$$

§1.3 三角形的等周問題

兩邊平方後,得到

$$x^2 + 2\beta x + \beta^2 + y^2 = x^2 - 2\beta x + \beta^2 + y^2 + 4a^2 - 4a\sqrt{(x-\beta)^2 + y^2} \text{。}$$

經簡化後,得到

$$a\sqrt{(x-\beta)^2 + y^2} = a^2 - \beta x \text{。}$$

兩邊再平方一次後,得到

$$a^2(x^2 - 2\beta x + \beta^2 + y^2) = a^4 + \beta^2 x^2 - 2a^2 \beta x \text{。}$$

所以,得到

$$(a^2 - \beta^2)x^2 + a^2 y^2 = a^2(a^2 - \beta^2) \text{。}$$

在這裡通常我們會設 $b^2 = a^2 - \beta^2$,$b > 0$。因此,方程式可以寫成

$$\frac{x^2}{a^2} + \frac{y^2}{b^2} = 1 \text{。}$$

這是一個位於標準座標的橢圓方程式,長軸的長為 a,短軸的長為 b,點 $A = (-\beta, 0)$ 與點 $B = (\beta, 0)$ 則為此橢圓的二個焦點,其圖形如圖 1-3。

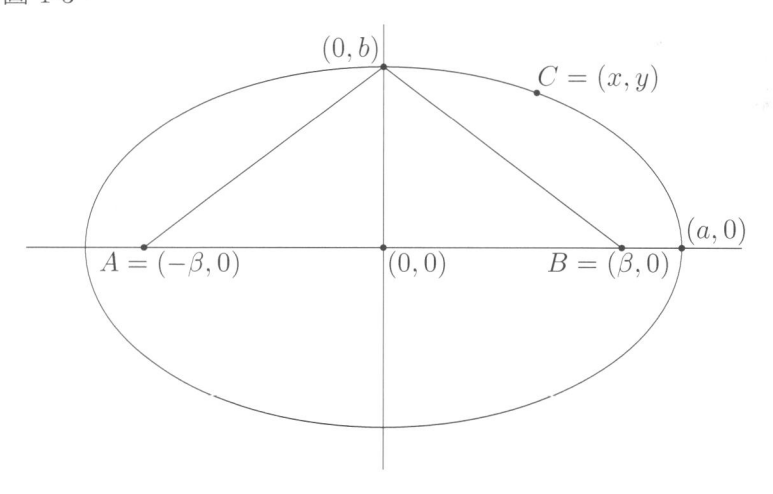

圖 1-3

這說明了第三個頂點 C 所呈現的軌跡，包括退化的情形，是一個橢圓。很明顯地，三角形 ABC 的面積為最大時，也就是點 C 距離 x 軸最遠的時候，點 C 必須落在短軸上，亦即，$C = (0, b)$。所以，在定理 1.4 (i) 的假設之下，三角形 ABC 的面積為最大時是一個等腰三角形。 □

至於定理 1.4 (ii) 的敘述，我們可以利用定理 1.4 (i) 的結果來得到。若三角形 ABC 不是一個正三角形，我們可以假設 $\overline{AC} \neq \overline{BC}$。這個時候把邊 AB 當作底邊，則腰長為 $\frac{1}{2}(\overline{AC} + \overline{BC})$ 的等腰三角形會保有同樣的周長。但是其面積，基於定理 1.4 (i) 的結論，就會大於原三角形的面積。所以三角形在等周長的假設之下，面積最大時會發生在正三角形的情形。

同樣地，我們也可以用分析的方式來證明定理 1.4 (ii) 的敘述。

證明： 首先，假設三角形的周長為 l。若有一邊長為 x，$0 < x < l$，則以此邊為底邊之等腰三角形另外二邊之邊長則各為 $\frac{1}{2}(l-x)$，如圖 1-4。

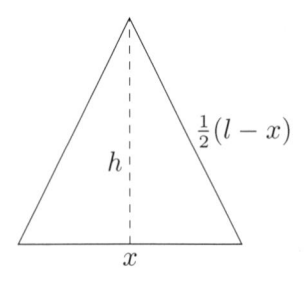

圖 1-4

在這裡必須注意到 $\frac{1}{2}(l-x)$ 為一直角三角形之斜邊長，所以，$\frac{1}{2}(l-x) > \frac{1}{2}x$，也就是說，$0 < x < \frac{l}{2}$。因此，利用畢氏定理可得高 $h = \sqrt{\frac{1}{4}(l-x)^2 - \frac{x^2}{4}} = \frac{1}{2}\sqrt{l(l-2x)}$ 與面積

$$A = \frac{1}{2}xh = \frac{1}{4}x\sqrt{l(l-2x)}.$$

為了求 A 的極大值，我們可以考慮 A^2 以方便計算。所以由算幾不等式可以得到

$$16A^2 = lx^2(l-2x) \leq l\left(\frac{x+x+(l-2x)}{3}\right)^3 = \frac{l^4}{27},$$

等號成立時若且唯若 $x = l - 2x$，亦即，$x = \frac{l}{3}$。這也說明了在等周長的三角形中，正三角形有著最大的面積。 □

§1.4 多邊形的等周問題

在上一節裡，我們已經對平面上三角形的等周問題做了一個詳盡的討論。接著，我們要開始討論多邊形的等周問題，也就是邊數大於或等於四的情形。這個時候我們觀察到一個很關鍵的現象，就是平面上集合的凸性在等周問題上扮演著一個很重要的角色。所以在這裡我們先對集合的凸性做一個簡單的介紹。

定義 1.5. 假設 E 是平面上的一個子集合，且 x, y 為 E 上任意不同的兩點。如果 E 也同時包含了 x, y 兩點所連結的線段，我們便說集合 E 是凸的（convex）。

比如說，三角形就是凸的。這也解釋了集合的凸性為什麼沒有出現在三角形等周問題上的討論。當邊數大於或等於四的時候，就會有不少多邊形不是凸的。

在這裡我們說「三角形是凸的」，主要是因為比較順口，基本上指的是三角形與其內部之聯集所形成的區域是凸的。對於其他幾何圖形，我們也將使用類似的說法，不再重複說明。

凸集合或是凸的圖形有一個很重要的幾何性質，就是在這個集合的每一個邊界點都可以找到至少一條通過此邊界點的直線，稱作支撐線（supporting line），使得該集合完全落在此支撐線的一邊或線上。當凸集合的邊界如果在某一個邊界點 p 附近是相對平滑的時

候（比如說，數學上所謂的 C^1 邊界），就只會存在一條支撐線，亦即，通過此邊界點的切線，如圖 1-5。

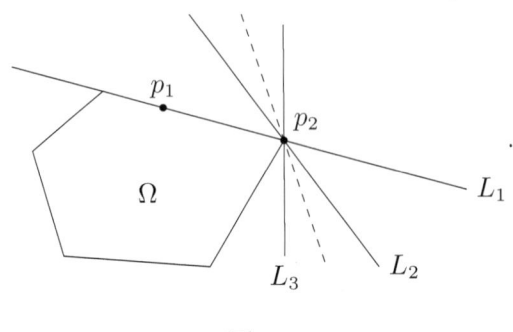

圖 1-5

在圖 1-5 中，Ω 是一個凸的五邊形。Ω 在邊界點 p_1 就只有一條支撐線 L_1，在邊界點 p_2 則有無窮多條支撐線，圖中 L_2 與 L_3，或是這兩條支撐線中間通過點 p_2 的直線都是。

在平面上，一個集合 Ω 被稱作有界（bounded），如果 Ω 落在某一個圓裡面。另外，我們稱一個集合 Ω 為閉的（closed），假如集合 Ω 包含了所有它的邊界點。現在，若 Ω 為平面上的一個有界集合，則 Ω 會落在一些有界閉凸集合裡面，其中會有一個最小的閉凸集合包含 Ω，我們把它稱作 Ω 的凸包（convex hull），記為 $\text{ch}(\Omega)$。事實上，我們只要把所有包含 Ω 的閉凸集合做交集就可以得到 Ω 的凸包，亦即，$\text{ch}(\Omega)$。因此，任何一個有界集合 Ω 的凸包都是又閉又凸的。很明顯地，$\Omega \subset \text{ch}(\Omega)$。

現在回到多邊形的等周問題上。如果 Ω 是平面上一個有界且邊界彼此沒有交叉點的圖形，但不是凸的，則我們可以在其凸包 $\text{ch}(\Omega)$ 上找到一條支撐線 L，使得 $\text{ch}(\Omega)$ 落在 L 的一邊或是 L 上。當然，此時 Ω 也是落在 L 的一邊或是 L 上。同時，一個重要的觀察就是，這一條支撐線 L 與 Ω 的邊界在 Ω 這一邊會圍出一個不屬於 Ω 的區域 D，如圖 1-6。

§1.4 多邊形的等周問題

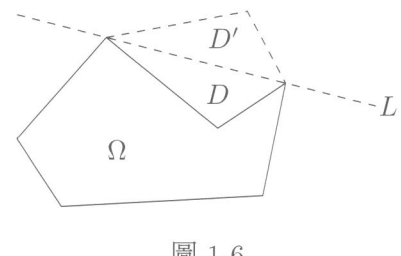

圖 1-6

這個時候我們便可以把區域 D 對支撐線 L 做反射（或鏡射）。數學上對一條直線 L 做反射，就是把平面上的點 P 送到直線 L 另一邊的一個點 P'，使得線段 PP' 垂直 L 且 $\overline{QP} = \overline{QP'}$，其中點 Q 為線段 PP' 與直線 L 的交點，如圖 1-7。

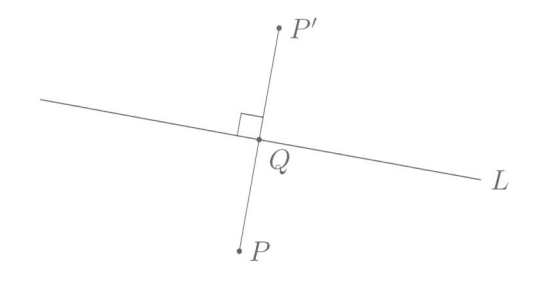

圖 1-7

對於數學上反射的運算，很重要的就是觀察到它是一個保距的運算，也就是說，任意兩點之間的距離在反射的運算之下是保持不變的。因此，在圖 1-6 裡 D' 就是 D 對支撐線 L 做反射所得到的影像。如果此時我們令 $\Omega' = \Omega \cup D \cup D'$，則 Ω' 的面積會大於 Ω 的面積，亦即，多了兩倍 D 的面積。但是 Ω' 的周長和 Ω 的周長是保持不變的。很自然地，這樣的觀察與推論便給了我們底下的結論。

定理 1.6. 在等周長的前提之下，平面上一個有界且邊界彼此沒有交叉點的圖形，不論是否有其他形狀條件的限制，在其面積得到最大值時都必須是凸的。

有了定理 1.6 之後，我們必須再瞭解平面幾何中另一個很有意思的定理如下，然後就可以處理多邊形的等周問題了。

定理 1.7. 假設 Ω 為一四邊形，且其四個邊長 a, b, c, d 是固定的。則 Ω 的面積為最大時若且唯若 Ω 內接於一圓。

證明： 我們把邊長為 a 的那一邊稱為邊 a，其餘類推。令邊 a 與邊 b 所夾的角為 α，邊 c 與邊 d 所夾的角為 β，如圖 1-8，

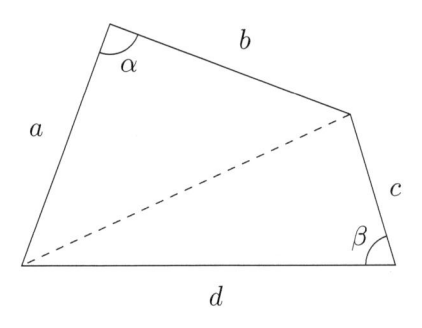

圖 1-8

則 Ω 的面積 A 為

$$A = \frac{1}{2}(ab\sin\alpha + cd\sin\beta)。$$

另外，由餘弦定律得到

$$a^2 + b^2 - 2ab\cos\alpha = c^2 + d^2 - 2cd\cos\beta。$$

因此，我們有

$$a^2 + b^2 - c^2 - d^2 = 2ab\cos\alpha - 2cd\cos\beta，$$

與

$$(a^2 + b^2 - c^2 - d^2)^2 = 4a^2b^2\cos^2\alpha + 4c^2d^2\cos^2\beta - 8abcd\cos\alpha\cos\beta。$$

§1.4 多邊形的等周問題

所以,

$$\begin{aligned}
A^2 &= \frac{1}{4}(a^2b^2\sin^2\alpha + c^2d^2\sin^2\beta + 2abcd\sin\alpha\sin\beta) \\
&= \frac{1}{4}(a^2b^2 + c^2d^2 - a^2b^2\cos^2\alpha - c^2d^2\cos^2\beta + 2abcd\sin\alpha\sin\beta) \\
&= \frac{1}{4}(a^2b^2 + c^2d^2 - \frac{1}{4}(a^2+b^2-c^2-d^2)^2 - 2abcd\cos\alpha\cos\beta \\
&\quad + 2abcd\sin\alpha\sin\beta) \\
&= \frac{1}{4}(a^2b^2 + c^2d^2 - \frac{1}{4}(a^2+b^2-c^2-d^2)^2 - 2abcd\cos(\alpha+\beta))\text{。}
\end{aligned}$$

因此,A^2 得到最大值若且唯若 $\cos(\alpha+\beta) = -1$,亦即,$\alpha+\beta=\pi$。也就是說,當 Ω 的面積為最大時,Ω 必須內接於一個圓。定理 1.7 的證明就完成了。同時,我們也可以得到 Ω 最大的面積為

$$\begin{aligned}
A_{\max}^2 &= \frac{1}{4}(a^2b^2 + c^2d^2 - \frac{1}{4}(a^2+b^2-c^2-d^2)^2 + 2abcd) \\
&= \frac{1}{16}((2ab+2cd)^2 - (a^2+b^2-c^2-d^2)^2) \\
&= \frac{1}{16}((a+b)^2 - (c-d)^2)((c+d)^2 - (a-b)^2)\text{,}
\end{aligned}$$

亦即,

$$A_{\max} = \frac{1}{4}\sqrt{((a+b)^2-(c-d)^2)((c+d)^2-(a-b)^2)}\text{。} \qquad \square$$

現在,我們假設 Ω 為平面上的一個 n 邊形,$n \geq 4$。對於 n 邊形的等周問題,我們以下面的定理做個結論。

定理 1.8. 令 Ω 為平面上的一個 n 邊形,$n \geq 4$。在等周長的前提之下,Ω 的面積為最大值時若且唯若 Ω 為平面上的一個正 n 邊形。

證明: 假設 Ω 的面積為最大值,然後把定理 1.8 的證明分成兩部分。首先,我們證明 Ω 是等邊的,亦即,Ω 的每一邊都是等長的。如果有兩邊 AB 與 BC 不等長,如圖 10,

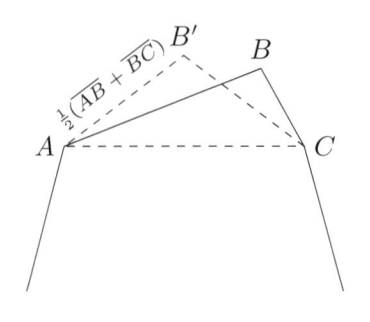

圖 1-9

則我們可以利用定理 1.4 (i) 把邊 AB 與 BC 換成邊 AB' 與 $B'C$，使得 $\overline{AB'} = \overline{B'C} = \frac{1}{2}(\overline{AB} + \overline{BC})$，如圖 1-9 中所示。如此，我們便可得到一個新的 n 邊形 Ω'，使得 Ω' 的周長不變，但是讓 Ω' 的面積變大。這樣便與 Ω 面積為最大值的假設互相矛盾。所以當 Ω 的面積為最大值時，它是等邊的。

接著，我們證明 Ω 是等角的。考慮 Ω 的任意連續三邊 AB、BC 與 CD。由以上的證明知道 $\overline{AB} = \overline{BC} = \overline{CD}$。所以，當我們也維持弦 AD 的長度不變時，四邊形 $ABCD$ 的面積必須是最大值，否則 n 邊形 Ω 的面積便無法維持在最大值。這個時候，再經由定理 1.7 的結論，知道四邊形 $ABCD$ 必須內接於一圓，如圖 1-10。

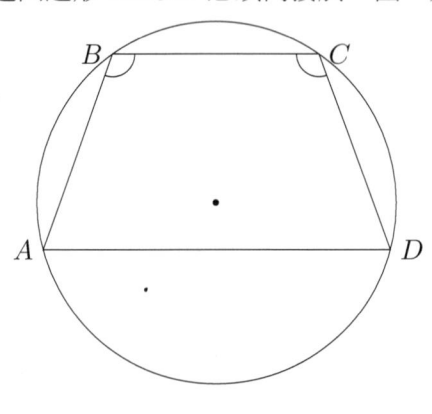

圖 1-10

因為 $\overline{AB} = \overline{BC} = \overline{CD}$，所以，很容易就可以看出 $\angle ABC = \angle BCD$。這說明 n 邊形 Ω 是等角的。同時，定理 1.8 的證明也就完成了。 □

§1.5 一般情形的等周問題

在討論完多邊形的等周問題之後，現在我們回到最一般區域 Ω 的等周問題，也就是說，我們不對考慮中的區域 Ω 做任何幾何條件的限制，我們只是假設 Ω 的周長是一個固定數 l 且邊界彼此沒有任何交叉點。在此假設之下，為了讓區域 Ω 有最大的面積，經由定理 1.6 的論證，我們知道 Ω 必須是一個凸集合。這是一個初步，但也是很重要的觀察與結果。再由此，就可以得到底下我們在這一節想知道的答案。

定理 1.9. 假設 Ω 是一個有固定周長 l 的區域且邊界彼此沒有任何交叉點。當 Ω 的面積為最大時若且唯若 Ω 是一個圓。也就是說，最大的面積是 $\frac{l^2}{4\pi}$。

定理 1.9 的證明重點在底下的引理。

引理 1.10. 當 Ω 有最大面積時，則 Ω 邊界上任意相異且不共線的四個點都要共圓。

底下就是引理 1.10 的證明。

證明： 首先，假設 Ω 有最大面積且點 A、B、C、D 依序是 Ω 邊界上相異且不共線的四個點。由於 Ω 是一個凸集合，很自然地，線段 AB、BC、CD 與 DA 會與 Ω 的邊界各自圍出區域 I、II、III 與 IV，或者某幾個區域退化成只是線段，亦即，邊界，如圖 1.11。

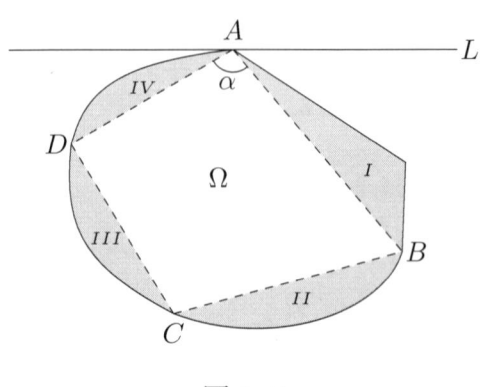

圖 1-11

這個時候，我們將保持區域 I、II、III 與 IV 不變，當然線段長 $\overline{AB}$、$\overline{BC}$、$\overline{CD}$ 與 $\overline{DA}$ 也就跟著不變。但是，試著去移動四邊形 $ABCD$ 的圖形。這樣的移動在邏輯上是被允許的。因為 Ω 是一個凸集合，所以通過任何一個邊界點，以點 A 為例，都至少會有一條支撐線 L，使得 Ω 落在 L 的一邊或是 L 上。因此，當線段 AD 與 AB 的夾角 α 張開到極限 π 時，支撐線 L 同時會被往上折成一條折線，其夾角也是 α（如圖 1-12），

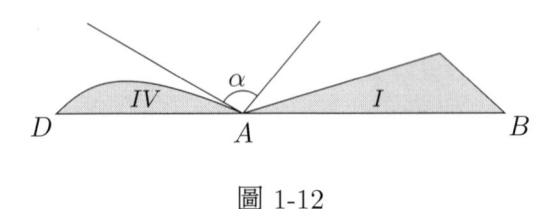

圖 1-12

因此區域 I 與 IV 仍然是落在兩個不相交的角內，也就是說，除了點 A 以外，區域 I 與 IV 是不會重疊的。當然這就不會影響區域 I、II、III 與 IV 在移動前後面積的計算，同時，周長也會因此跟著不變。因為 Ω 的面積等於四邊形 $ABCD$ 的面積加上區域 I、II、III 與 IV 的面積，所以在區域 I、II、III 與 IV 保持不變的前提之下，Ω 要得到最大的面積，數學上，就等價於四邊形 $ABCD$ 要

§1.5 一般情形的等周問題　　　　　　　　　　　　　　　　　17

得到最大的面積。再經由定理 1.7，這又等價於點 A、B、C 與 D 必須內接於一圓。如此，便完成了引理 1.10 的證明。　　□

所以，當 Ω 有最大面積時，由引理 1.10 的證明我們可以觀察到 Ω 邊界上的任意相異三點都不能共線。假如 Ω 邊界上依序有相異三點 A、B 與 C 共線，我們由 Ω 的凸性就直接可以知道，線段 AB 與 BC 其實就是 Ω 邊界的一部分。接著，我們便可在 Ω 的邊界上另取一點 E 不在此線上，如圖 1-13，

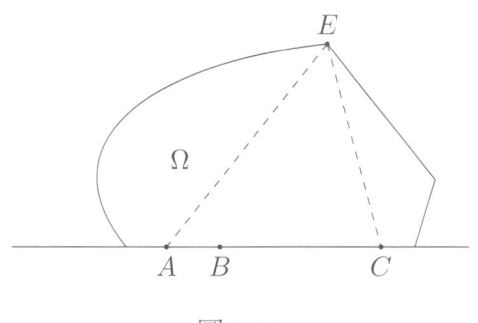

圖 1-13

然後作線段 AE 與 CE。同樣地，再透過定理 1.7，我們可以移動線段 AB、BC、CE 與 EA，使得點 A、B、C 與 E 內接於一圓，而得到四邊形 $ABCE$ 最大的面積。這說明了當 Ω 的面積為最大時，其任意三個相異邊界點是不可能共線的。

有了引理 1.10 和以上的觀察，現在我們可以證明定理 1.9。

證明：　首先，我們可以假設 Ω 是一個凸集合且具有最大的面積。基於以上的觀察，我們便可以隨意依序挑出 Ω 邊界上不共線的相異三個點 A、B 與 C。這三點就決定了一個圓 $\mathcal{C}$。因此，Ω 邊界上任何相異於點 A、B 與 C 的點 P，由引理 1.10 知道，都必須與點 A、B 與 C 共圓。所以，點 P 就必須落在圓 $\mathcal{C}$ 上。這表示 Ω 的邊界就是圓 $\mathcal{C}$。

反過來說，假設 Ω 已經是一個圓。如果 Ω 的面積不是最大，則表示存在一個面積最大且具有同樣周長的凸集合 Ω_1。這個時候注意到 Ω_1 不可能是一個圓。也因為 Ω_1 不是一個圓，所以在 Ω_1 的邊界上依序可以找到相異且不共圓的四個點 A、B、C 與 D。接著重複引理 1.10 的證明，我們便可得到一個面積比 Ω_1 還要大且具有同樣周長的區域。很明顯地，這是一個矛盾。因此，當 Ω 已經是一個圓時，它的面積就是最大值。同時也完成了定理 1.9 的證明。 □

§1.6　結論

綜合以上數節的討論，我們對平面上的等周問題應該有了相當的認識與瞭解，也就是說，在同樣周長的前提下，n 邊形（$n \geq 3$）的面積在最大時都是以正 n 邊形來呈現。在一般的情形之下，則圓形會給出最大的面積。因此，在本節中我們希望把這些具有等周長的正 n 邊形和圓形的面積用解析的方式算出來，並證明這些正 n 邊形的面積會形成一個，對 n 而言，嚴格遞增的數列，且其極限就是圓形的面積。

現在，我們假設固定的周長為 1。所以當圖形為正 n 邊形（$n \geq 3$）時，它會內接於一個圓。設其圓心為點 O。因此，以圓心 O 和其中一邊 AB 所形成的三角形如圖 1-14。

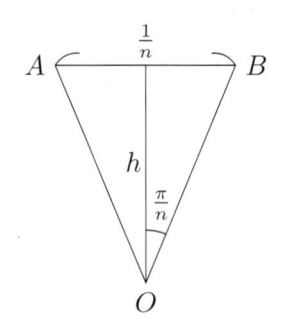

圖 1-14

§1.6 結論

所以，$\angle AOB = \frac{2\pi}{n}$，$\overline{AB} = \frac{1}{n}$。由此得到三角形 AOB 以邊 AB 為底時的高 $h = (2n \tan \frac{\pi}{n})^{-1}$，三角形 AOB 的面積為 $(4n^2 \tan \frac{\pi}{n})^{-1}$。因此，當周長為 1 時，正 n 邊形的面積為

$$\frac{1}{4n \tan \frac{\pi}{n}} = \frac{1}{4\pi} \left(\frac{\frac{\pi}{n} \cos \frac{\pi}{n}}{\sin \frac{\pi}{n}} \right) 。$$

接著，利用微積分，我們可以考慮函數：$f(x) = \frac{x \cos x}{\sin x}$ 當 $0 < x < \frac{\pi}{3}$，$f(0) = 1$，得到其微分

$$f'(x) = \frac{\cos x \sin x - x}{\sin^2 x}, \quad 0 < x < \frac{\pi}{3} 。$$

因為，當 $0 < x < \frac{\pi}{2}$ 時，$0 < \cos x < 1$，因此，

$$0 < \cos x \sin x < \sin x < x 。$$

最後的一個不等式可以如下估計。在圖 1-15 的單位圓中，

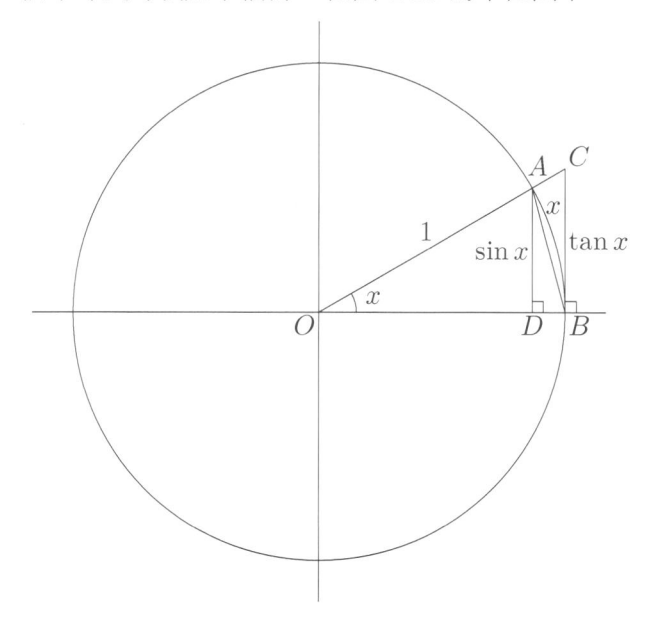

圖 1-15

若圓心角 $\angle AOB$ 的角度以弳度 x 來計算，則弧 AB 的長也是 x。另外在圖上作出三角形 AOB 和三角形 COB，很自然地，就可以得到三角形 AOB 的面積 < 扇形 AOB 的面積 < 三角形 COB 的面積，亦即，

$$\frac{1}{2}\sin x < \frac{1}{2}x < \frac{1}{2}\tan x \text{。}$$

上面的不等式可以簡化為

$$\cos x < \frac{\sin x}{x} < 1 \text{。}$$

因此，當 $0 < x < \frac{\pi}{2}$ 時，我們有 $0 < \sin x < x$。所以經由夾擠定理便可得到 $\lim_{x \to 0^+} \sin x = 0$。符號 $\lim_{x \to 0^+} h(x)$ 表示函數 $h(x)$ 在點 0 的右極限。接著，因為 $\sin^2 x + \cos^2 x = 1$，我們也可以知道 $\lim_{x \to 0^+} \cos x = 1$。所以，再由夾擠定理得到

$$\lim_{x \to 0^+} \frac{\sin x}{x} = 1 \text{。}$$

最後注意到，當 $0 < x < \frac{\pi}{3}$ 時，$f'(x) < 0$。這說明了，當 $0 < x < \frac{\pi}{3}$ 時，函數 $f(x)$ 是嚴格遞減的。亦即，當周長為 1 時，視 $x = \frac{\pi}{n}$，正 n 邊形的面積為嚴格遞增的，最後趨近於最大值 $\frac{1}{4\pi}$。這也正是，當圓周長為 1 時，圓的面積。

第 2 章
極值問題（二）：圓內接 n 邊形之面積

§2.1　圓內接 n 邊形之面積

在上一章裡我們討論了平面上的等周問題，也給出了完整的答案。這是一個很有趣且極具啟發性的問題。因此在本章我們將延續這樣的主題，來探討另一個極值問題。這一次在一個固定的圓內，固定一個正整數 $n \geq 3$，我們考慮所有內接於此圓之 n 邊形的面積。然後問：有沒有可能在這些內接於此圓之 n 邊形中找到一個面積最大的 n 邊形？

關於這個問題，首先注意到圓內接 n 邊形的面積是可以任意小的。比如說，如果把一個 n 邊形的 $n-1$ 個頂點集中設在圓上某一個點的附近，如此便可以讓此 n 邊形的面積任意的小。也因此，我們只能問是否存在一個面積最大的圓內接 n 邊形。另外，為了方便起見，我們也可以假設此圓的半徑為 1。是以在本章我們最主要的目標就是要證明下面的定理。

定理 2.1. 固定一個正整數 $n \geq 3$，則在單位圓內所有內接之 n 邊形中，以正 n 邊形的面積為最大。

這個定理如果用微積分來證明，應該是相當直接的。但是為了

降低對讀者數學背景的要求，讓中學生也有機會能看懂並理解此問題，我們將只用三角函數來證明它。

首先，我們可以假設圓心 O 落在 n 邊形 $P_1P_2\cdots P_n$ 的內部。如果不是的話，則此 n 邊形必須落在單位圓的某一半圓內。所以我們可以自頂點 P_n 作一條直徑 P_nA，如圖 2-1。

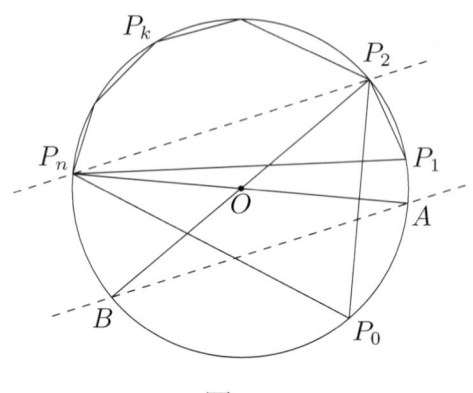

圖 2-1

接著，過頂點 P_2 作一條直線 L 通過圓心 O，並交單位圓於點 B。因為線段 P_nA 和 P_2B 分別為單位圓上的二條直徑，所以 $\overline{AB} \parallel \overline{P_2P_n}$，且頂點 P_1 落在圓弧 AP_2 上。現在我們便可以隨意在圓弧 AB 之上選取一個異於點 A 和 B 的點 P_0，使得圓心 O 落在 n 邊形 $P_0P_2\cdots P_n$ 的內部，並且點 P_0 到直線 P_2P_n 的距離大於點 P_1 到直線 P_2P_n 的距離。由於三角形 $P_1P_2P_n$ 和三角形 $P_0P_2P_n$ 有相同邊 P_2P_n，所以，$a\triangle P_1P_2P_n < a\triangle P_0P_2P_n$。在這裡符號 $a\triangle ABC$ 表示三角形 ABC 的面積。也因此我們得到

n 邊形 $P_1P_2\cdots P_n$ 的面積
$= n-1$ 邊形 $P_2\cdots P_n$ 的面積 $+ a\triangle P_1P_2P_n$
$< n-1$ 邊形 $P_2\cdots P_n$ 的面積 $+ a\triangle P_0P_2P_n$
$= n$ 邊形 $P_0P_2\cdots P_n$ 的面積。

§2.1 圓內接 n 邊形之面積

這說明了為了求圓內接 n 邊形面積的極大值,我們是可以假設圓心 O 落在此 n 邊形的內部。

基於上述的理由,我們便可以在單位圓內作一個內接 n 邊形,且圓心 O 位於此 n 邊形的內部,如圖 2-2。

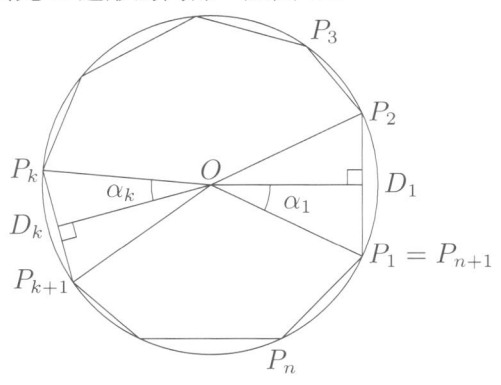

圖 2-2

我們把此 n 邊形的頂點分別記為 $P_1, \cdots, P_n$,並且設圓心角 $\angle P_k O P_{k+1} = 2\alpha_k$,其中 $0 < \alpha_k < \frac{\pi}{2}$ 對於所有的 $1 \leq k \leq n$。在這裡我們同意 $P_{n+1} = P_1$,並且使用弳度來度量一個角的大小。因此,得到

$$\alpha_1 + \cdots + \alpha_n = \pi \text{。}$$

令 D_k 為弦 $P_k P_{k+1}$ 上的中點 ($1 \leq k \leq n$),亦即,$\overline{OD_k} \perp \overline{P_k P_{k+1}}$。由於 $\overline{OP_k} = 1$,所以,$\overline{P_k D_k} = \sin \alpha_k$,$\overline{OD_k} = \cos \alpha_k$。令 n 邊形 $P_1 P_2 \cdots P_n$ 的面積為 A,則

$$\begin{aligned} A &= \sum_{k=1}^{n} a\triangle P_k O P_{k+1} = 2 \sum_{k=1}^{n} a\triangle P_k O D_k \\ &= 2 \sum_{k=1}^{n} \frac{1}{2} \sin \alpha_k \cos \alpha_k \\ &= \frac{1}{2} \sum_{k=1}^{n} \sin(2\alpha_k) \text{。} \end{aligned}$$

也就是說，定理 2.1 的證明其實就是等價於下面的問題。

問題 2.2. 固定一個正整數 $n \geq 3$，試求函數

$$f(x) = \frac{1}{2}\sum_{k=1}^{n} \sin x_k,$$

$x = (x_1, \cdots, x_n)$，在限制 $0 < x_k < \pi$（其中 $1 \leq k \leq n$）和 $x_1 + \cdots + x_n = 2\pi$ 之下的極大值。

§2.2　正弦函數的凹性

為了回答問題 2.2，在這一節裡我們將研究正弦函數在閉區間 $[0, \pi] = \{x \in \mathbb{R} \mid 0 \leq x \leq \pi\}$ 上的凹性。我們的目標就是要證明平面上的區域 $\Omega = \{(x, y) \in \mathbb{R}^2 \mid 0 \leq x \leq \pi, 0 \leq y \leq \sin x\}$ 是一個凸集合，或者是說，對於任意兩點 $0 \leq x_1 < x_2 \leq \pi$，如果點 x 位在點 x_1 和 x_2 之間，亦即，$x_1 \leq x \leq x_2$，則點 $(x, \sin x)$ 必須落在通過點 $(x_1, \sin x_1)$ 和 $(x_2, \sin x_2)$ 之直線 L 上或 L 的上面。關於凸集合的概念，我們在第 1 章第 4 節裡就已經介紹了。所以，在這一節我們主要就是要證明下面的定理。

定理 2.3. 對於任意 $x, y \in [0, \pi]$，以及 $k \in \mathbb{N}$ 滿足 $k \geq 2$，我們有

$$\sin(\frac{r}{k}x + \frac{s}{k}y) \geq \frac{r}{k}\sin x + \frac{s}{k}\sin y, \tag{2.1}$$

其中 r, s 為非負的整數，滿足 $r + s = k$。

證明： 當 $x = y$ 時，很明顯地，在 (2.1) 中等號是成立的。另外，如果 $r = 0$ 或 $s = 0$，則 (2.1) 中等號也是成立的。所以，我們可以假設 $0 \leq x < y \leq \pi$ 以及 $0 < r, s < k$。注意到我們也可以把 (2.1) 寫成下面的形式

$$\sin(\frac{r}{k}x + \frac{s}{k}y) = \sin(x + \frac{s}{k}(y - x)) \geq \sin x + \frac{s}{k}(\sin y - \sin x)。 \tag{2.2}$$

§2.2 正弦函數的凹性

底下我們將分幾種不同的情形來討論此定理。

(i) $0 \leq x < y \leq \frac{\pi}{2}$。我們先假設 $k = 2$ 且 $r = s = 1$。在圖 2-3 的單位圓中

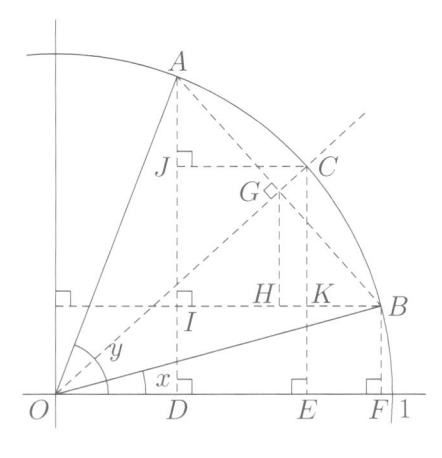

圖 2-3

半徑 OC 是角 $\angle AOB$ 的平分線。因此，可以很清楚地看到

$$\begin{aligned}
\sin(x + \tfrac{1}{2}(y - x)) &= \overline{CE} \\
&= \overline{BF} + \overline{CK} \\
&> \overline{BF} + \overline{GH} \\
&= \overline{BF} + \tfrac{1}{2}\overline{AI} \\
&= \sin x + \tfrac{1}{2}(\sin y - \sin x)。
\end{aligned}$$

如此便完成了此部分 $k = 2$ 且 $r = s = 1$ 的證明。注意到在證明的過程中，我們有 $\overline{JI} = \overline{CK} > \overline{GH} = \tfrac{1}{2}\overline{AI}$，亦即，$\overline{AJ} < \overline{JI}$。這是一個很重要的觀察，對於後續歸納的證明很有幫助。

對於一般的情形，$k \geq 3$，我們將使用歸納法來證明。也就是

說，我們假設不等式 (2.2) 在 $k-1$ 的時候是成立的，亦即，

$$\sin(x + \frac{s}{k-1}(y-x)) \geq \sin x + \frac{s}{k-1}(\sin y - \sin x)，\quad (2.3)$$

其中 $0 < s < k-1$。

現在，把角度 $y - x$ 分成 k 等分，如圖 2-4。

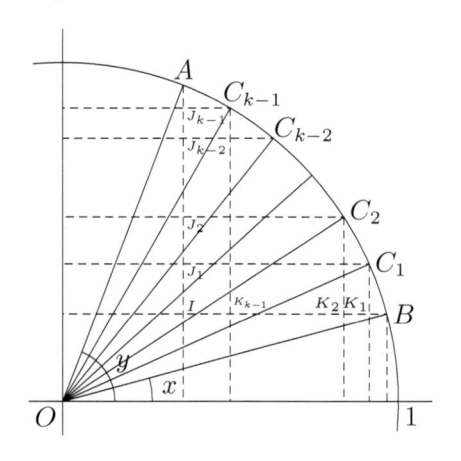

圖 2-4

由以上的觀察，首先我們可以得到

$$\overline{AJ_{k-1}} < \overline{J_{k-1}J_{k-2}} < \cdots < \overline{J_2J_1} < \overline{J_1I}。$$

因此，

$$\overline{AI} = \overline{AJ_{k-1}} + \overline{J_{k-1}J_{k-2}} + \cdots + \overline{J_2J_1} + \overline{J_1I}$$
$$< \frac{1}{k-1}(\overline{J_{k-1}J_{k-2}} + \cdots + \overline{J_2J_1} + \overline{J_1I})$$
$$\quad + \overline{J_{k-1}J_{k-2}} + \cdots + \overline{J_2J_1} + \overline{J_1I}$$
$$= \frac{k}{k-1}(\overline{J_{k-1}J_{k-2}} + \cdots + \overline{J_2J_1} + \overline{J_1I})$$
$$= \frac{k}{k-1}\overline{C_{k-1}K_{k-1}}。$$

§2.2 正弦函數的凹性

所以，如果 $1 \leq s < k-1$，則由歸納法，亦即，(2.3)，我們便可以得到

$$\sin x + \frac{s}{k}(\sin y - \sin x)$$
$$= \sin x + \frac{s}{k}\overline{AI}$$
$$< \sin x + \frac{s}{k} \cdot \frac{k}{k-1}\overline{C_{k-1}K_{k-1}}$$
$$= \sin x + \frac{s}{k-1}\overline{C_{k-1}K_{k-1}}$$
$$= \sin x + \frac{s}{k-1}(\sin(x + \frac{k-1}{k}(y-x)) - \sin x)$$
$$\leq \sin(x + \frac{s}{k-1} \cdot \frac{k-1}{k}(y-x))$$
$$= \sin(x + \frac{s}{k}(y-x))\text{。}$$

如果 $s = k-1$，則

$$\sin x + \frac{k-1}{k}(\sin y - \sin x) = \sin x + \frac{k-1}{k}\overline{AI}$$
$$< \sin x + \frac{k-1}{k} \cdot \frac{k}{k-1}\overline{C_{k-1}K_{k-1}}$$
$$= \sin x + \overline{C_{k-1}K_{k-1}}$$
$$= \sin(x + \frac{k-1}{k}(y-x))\text{。}$$

如此，(i) 的部分就證明完畢了。

(ii) $\frac{\pi}{2} \leq x < y \leq \pi$。此假設等價於 $0 \leq \pi - y < \pi - x \leq \frac{\pi}{2}$。所以我們可以利用 (i) 來得到

$$\sin(\frac{r}{k}x + \frac{s}{k}y) = \sin(\pi - \frac{r}{k}x - \frac{s}{k}y)$$
$$= \sin(\frac{r}{k}(\pi - x) + \frac{s}{k}(\pi - y))$$
$$> \frac{r}{k}\sin(\pi - x) + \frac{s}{k}\sin(\pi - y)$$
$$= \frac{r}{k}\sin x + \frac{s}{k}\sin y \text{。}$$

這樣也完成了 (ii) 的證明。

(iii) $0 \leq x < \frac{\pi}{2} < y \leq \pi$，$r+s = k \geq 2$，$0 < r, s < k$。首先，如果 $\sin x = \sin y$，則 $y = \pi - x$。因此，可以很清楚地由圖 2-5 看出

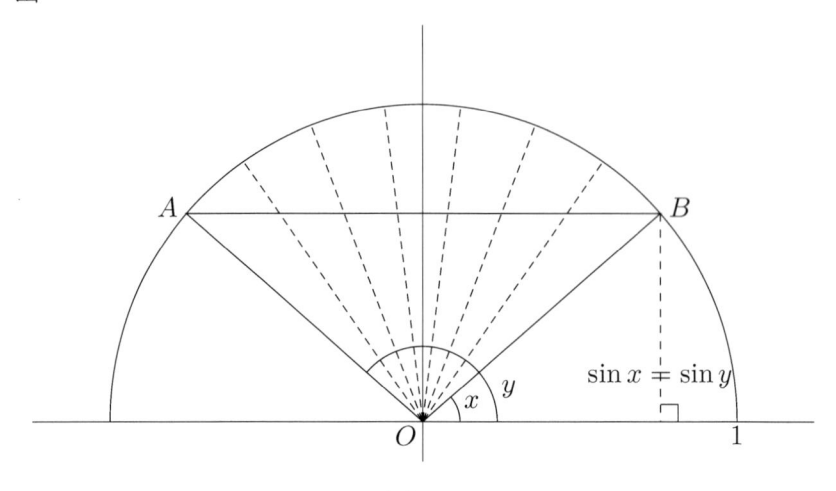

圖 2-5

$$\sin(\frac{r}{k}x + \frac{s}{k}y) = \sin(x + \frac{s}{k}(y-x))$$
$$> \sin x$$
$$= \frac{r}{k}\sin x + \frac{s}{k}\sin y。$$

所以我們可以假設 $\sin x < \sin y$。如果 $\sin x > \sin y$，考慮 $0 \leq \pi - y < \frac{\pi}{2} < \pi - x \leq \pi$ 就可以了。另外，當 $k = 2$ 時，我們只要重複 (i) 中的證明即可。因此，我們也可以假設 $k \geq 3$ 並運用歸納法來完成證明。底下我們再把 (iii) 分成兩種情形來討論。

(iii-a) $\sin(x + \frac{k-1}{k}(y-x)) \leq \sin y$。因為 $\sin y = \sin(\pi - y)$，所以

$$x + \frac{k-1}{k}(y-x) \leq \pi - y < \frac{\pi}{2},$$

如圖 2-6。

§2.2 正弦函數的凹性

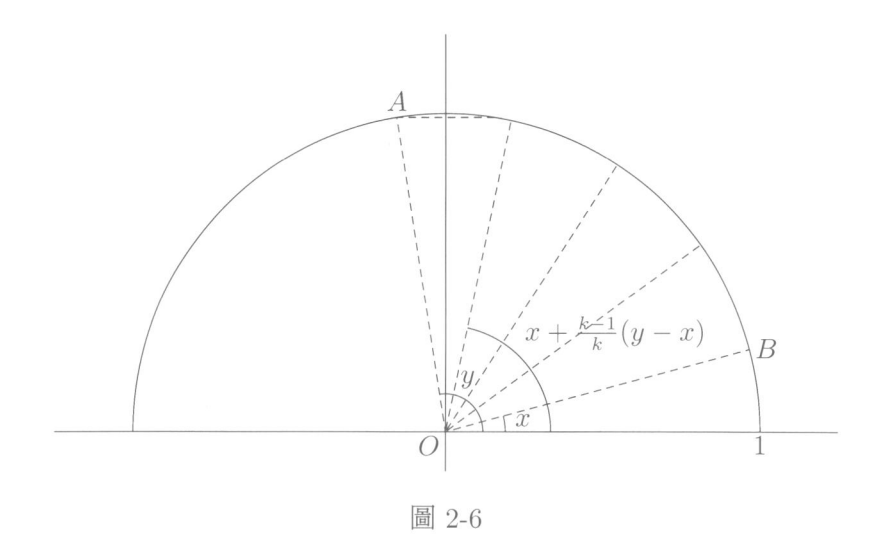

圖 2-6

因此，我們可以視 $x + \frac{k-1}{k}(y-x)$ 為一個新的角度，然後，當 $0 < s < k$ 時，利用 (i) 的證明及其結論來得到

$$\begin{aligned}
&\frac{r}{k}\sin x + \frac{s}{k}\sin y \\
&= \sin x + \frac{s}{k}(\sin y - \sin x) \\
&< \sin x + \frac{s}{k} \cdot \frac{k}{k-1}\left(\sin(x + \frac{k-1}{k}(y-x)) - \sin x\right) \\
&= \sin x + \frac{s}{k-1}\left(\sin(x + \frac{k-1}{k}(y-x)) - \sin x\right) \\
&\leq \sin(x + \frac{s}{k-1} \cdot \frac{k-1}{k}(y-x)) \\
&= \sin(x + \frac{s}{k}(y-x)) \\
&= \sin(\frac{r}{k}x + \frac{s}{k}y) \text{。}
\end{aligned}$$

這樣便完成了 (iii-a) 的證明。

(iii-b) 存在一個 s 滿足 $0 < s < k$，使得 $\sin(x + \frac{s}{k}(y-x)) \geq$

$\sin y$。我們可以假設 s_*（$0 < s_* < k$）是最小的正整數滿足

$$\sin(x + \frac{s_*}{k}(y-x)) > \sin y，\tag{2.4}$$

如圖 2-7。

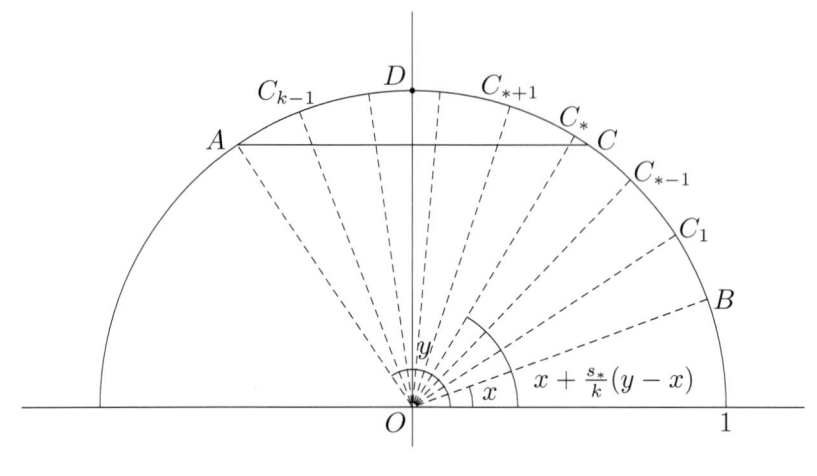

圖 2-7

因為我們假設 $\sin x < \sin y$，所以注意到

$$\sin y = \sin x + (\sin y - \sin x)$$
$$> \sin x + \frac{s}{k}(\sin y - \sin x)。$$

因此，對於 s 滿足 $s_* \leq s < k$，我們有

$$\sin(x + \frac{s}{k}(y-x)) > \sin y$$
$$> \sin x + \frac{s}{k}(\sin y - \sin x)。$$

最後，我們要估計當 $0 < s < s_* < k$ 的情形。首先，我們把角 $\angle AOB$ 的 k 等分線與單位圓的交點分別記為 $C_1, \cdots, C_{k-1}$，其中角 $x + \frac{s_*}{k}(y-x)$ 所對應的交點記為 C_*。接著注意到，如果 C_* 落在圓

弧 AD 上且 $C_* \neq D$，則圓弧 $C_{*-1}C_*$ 的弧長會大於圓弧 C_*C_{*+1} 的弧長。這是一個矛盾。所以，C_* 必須落在圓弧 CD 上且 $C_* \neq C$。

這個時候我們把角 $x + \frac{s_*}{k}(y-x) \leq \frac{\pi}{2}$ 視為一個新的角，再利用 (2.4) 和 (i) 中所得到的結果，可以估計如下：

$$\begin{aligned}
&\sin(x + \frac{s}{k}(y-x)) \\
&= \sin\left(x + \frac{s}{s_*}(\frac{s_*}{k}(y-x))\right) \\
&\geq \sin x + \frac{s}{s_*}(\sin(x + \frac{s_*}{k}(y-x)) - \sin x) \\
&> \sin x + \frac{s}{s_*}(\sin y - \sin x) \\
&> \sin x + \frac{s}{k}(\sin y - \sin x) 。
\end{aligned}$$

如此，便完成了 (iii-b) 的證明。定理 2.3 也就證明完畢。 □

在這裡必須注意到，由整個證明的過程中，不難看出如果 $0 \leq x < y \leq \pi$，且 $0 < r, s < k$，則我們得到的其實是一個嚴格不等式

$$\sin(\frac{r}{k}x + \frac{s}{k}y) > \frac{r}{k}\sin x + \frac{s}{k}\sin y 。 \tag{2.5}$$

§2.3 極大值的證明

現在我們利用正弦函數的凹性，亦即，定理 2.3，來回答問題 2.2。也就是說，固定一個正整數 $n \geq 3$，$x = (x_1, \cdots, x_n)$，在限制 $0 < x_k < \pi$（其中 $1 \leq k \leq n$）和 $x_1 + \cdots + x_n = 2\pi$ 之下，我們要求函數

$$f(x) = \frac{1}{2}\sum_{k=1}^{n} \sin x_k$$

的極大值。

這個問題現在只要利用定理 2.3 一直重複 $n-1$ 次，就可以直接得到

$$\begin{aligned}
\sum_{k=1}^{n} \sin x_k &= 2\left(\frac{1}{2}\sin x_1 + \frac{1}{2}\sin x_2\right) + \sum_{k=3}^{n}\sin x_k \\
&\leq 2\sin\left(\frac{x_1+x_2}{2}\right) + \sum_{k=3}^{n}\sin x_k \\
&= 3\left(\frac{2}{3}\sin\left(\frac{x_1+x_2}{2}\right) + \frac{1}{3}\sin x_3\right) + \sum_{k=4}^{n}\sin x_k \\
&\leq 3\sin\left(\frac{x_1+x_2+x_3}{3}\right) + \sum_{k=4}^{n}\sin x_k \\
&\vdots \\
&\leq n\sin\left(\frac{x_1+\cdots+x_n}{n}\right) \\
&= n\sin\frac{2\pi}{n} \circ
\end{aligned}$$

我們發現函數 $f(x)$ 在此限制之下會得到極大值若且唯若 $x_1 = \cdots = x_n = \frac{2\pi}{n}$。這個理由很簡單。因為如果函數 $f(x)$ 在此限制之下得到極大值，則上述證明中的符號「$\leq$」（小於或等於）全部都必須成為等號。因此，由 (2.5) 就可以立即得到 $x_1 = \cdots = x_n = \frac{2\pi}{n}$。

這是一個很完美的結果，當然同時也證明了定理 2.1。如果我們把單位圓內接正 n 邊形的面積記為 A_n，則

$$\begin{aligned}
A_3 &= \frac{3}{2}\sin\frac{2\pi}{3} = \frac{3\sqrt{3}}{4}, \\
A_4 &= \frac{4}{2}\sin\frac{2\pi}{4} = 2 \circ
\end{aligned}$$

最後，我們做一個簡單的結論。很明顯地，從幾何上可以看出，我們如果在單位圓上任意選取一個異於圓內接正 n 邊形頂點 $P_1,\cdots,P_n$ 的點 P_0，比如說，點 P_0 落在圓弧 P_nP_1 上，則由定理

§2.3 極大值的證明

2.1 立即得到

$$A_{n+1} \geq \text{單位圓內接 } n+1 \text{ 邊形 } P_0P_1\cdots P_n \text{ 的面積} > A_n \text{。}$$

這說明了 $\{A_n = \frac{n}{2}\sin\frac{2\pi}{n}\}_{n=3}^{\infty}$ 是一個嚴格遞增的數列。接著,再利用第 1 章第 6 節中所得到的結論,就可以證得其極限

$$\lim_{n\to\infty} A_n = \lim_{n\to\infty} \frac{n}{2}\sin\frac{2\pi}{n} = \pi\left(\lim_{n\to\infty} \frac{n}{2\pi}\sin\frac{2\pi}{n}\right) = \pi \text{,}$$

就是單位圓的面積。

第 3 章
極值問題（三）：圓外切 n 邊形之面積

§3.1　圓外切 n 邊形之面積

在前兩章裡我們討論了平面上的兩個極值問題，也分別給出了完整的答案。這讓我們得到一個很具啟發性的領悟，就是一些看起來蠻基本的數學知識也可以用來幫我們解決某些極具挑戰性的問題。因此在這一章我們將延續這樣的主題，來探討另一個極值問題。這一次在一個固定的圓上，固定一個正整數 $n \geq 3$，我們考慮所有外切於此圓之 n 邊形的面積。然後問：有沒有可能在這些外切於此圓之 n 邊形中找到一個面積最小的 n 邊形？

關於這個問題，首先注意到圓外切 n 邊形的面積是可以任意大的。我們以外切三角形來做說明。因此，我們考慮一個半徑為 1 的圓，讓圓心 O 位在點 $(0,1)$。同時令直線 L 通過點 $(m,0)$ 和 $(0,a)$，其中 $m > 1$ 且 $a > 2$，得到直線 L 的方程式為 $ax + my - am = 0$。如果直線 L 和此圓在第一象限內相切（如圖 3-1），則圓心 O 到直線 L 的距離 $(=1)$，可以經由內積得到如下：

$$(0, a-1) \cdot \frac{(a, m)}{\sqrt{a^2 + m^2}} = 1 \text{,}$$

其中 $\frac{(a,m)}{\sqrt{a^2+m^2}}$ 為直線 L 的單位法向量。由此，可以解得

$$a = \frac{2m^2}{m^2-1}。$$

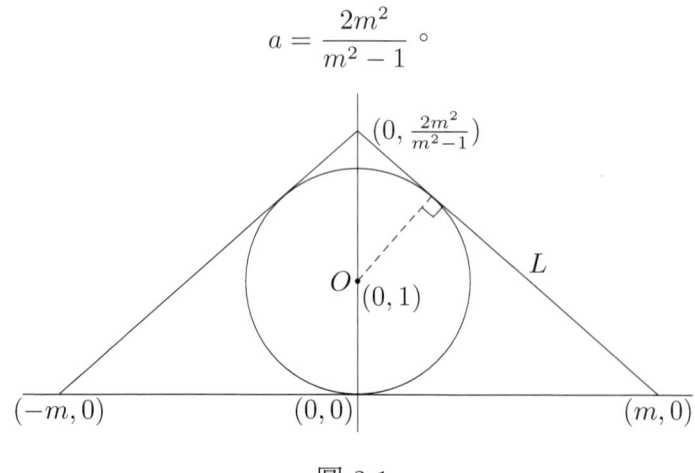

圖 3-1

讀者如果不熟悉內積的運算，也可以用其他的方式來解得 m 和 a 的關係。接著，再由對稱的關係，我們也可以在第二象限作出另一條直線通過點 $(-m,0)$ 和 $(0,a)$，且外切於此圓。如此，便可以得到一個外切於此圓的三角形，它的面積為 $ma = \frac{2m^3}{m^2-1}$。所以當 m 趨近於無窮大時，此外切三角形的面積也會趨近於無窮大。當然類似的情形同樣會出現在 $n > 3$ 的時候。因此，當我們考慮所有外切於一個固定圓之 n 邊形的面積時，我們也只能問是否存在一個面積最小的外切 n 邊形。另外，為了方便起見，我們也可以假設此圓的半徑為 1，並把圓心設在原點。是以在本章我們最主要的目標就是要證明下面的定理。

定理 3.1. 固定一個正整數 $n \geq 3$，則在所有外切於單位圓之 n 邊形中，以正 n 邊形的面積為最小。

　　同樣地，這個定理如果用微積分來證明，也是相當直接的。但是我們將只用三角函數來證明它，讓中學生也有機會能看懂並理解

§3.1 圓外切 n 邊形之面積

此問題。另外，整個證明的過程和第 2 章非常的類似，讀者不難發現相同的邏輯會不時地出現。

基於上述的理由，我們在單位圓上作一個外切 n 邊形，如圖 3-2。

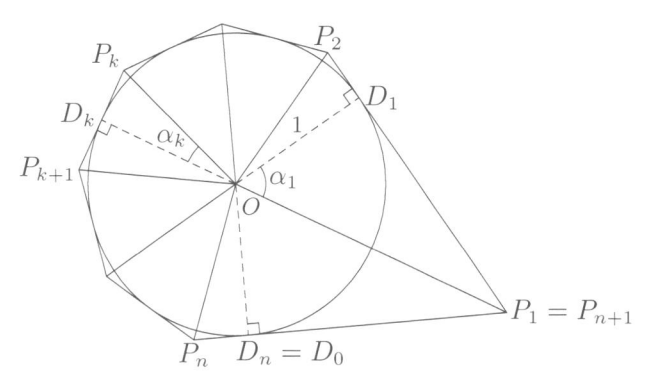

圖 3-2

我們把此 n 邊形的頂點分別記為 $P_1, \cdots, P_n$，並且自圓心 O 作邊 $P_k P_{k+1}$ 的垂線 OD_k 交集邊 $P_k P_{k+1}$ 於點 D_k，其中 $1 \leq k \leq n$。在這裡我們同意 $P_{n+1} = P_1$。接著，設圓心角 $\angle P_k O D_k = \alpha_k$，$0 < \alpha_k < \frac{\pi}{2}$，並且使用弧度來度量一個角的大小。因為此 n 邊形外切於單位圓，由平面幾何我們知道 $\angle P_k O D_k = \angle D_{k-1} O P_k$ 對所有 $1 \leq k \leq n$ 皆成立。若 $k = 1$ 時，$D_0 = D_n$。因此，得到

$$\alpha_1 + \cdots + \alpha_n = \pi。$$

因為垂線 OD_k 皆為單位圓的半徑，所以 $\overline{OD_k} = 1 (1 \leq k \leq n)$。也因此，我們有 $\overline{P_k D_k} = \tan \alpha_k$。所以，三角形 $P_k O D_k$ 的面積為 $\frac{1}{2} \tan \alpha_k$。如果我們令此外切 n 邊形 $P_1 P_2 \cdots P_n$ 的面積為 A，則

$$A = \sum_{k=1}^{n} a\triangle P_k O P_{k+1} = 2 \sum_{k=1}^{n} a\triangle P_k O D_k$$
$$= \sum_{k=1}^{n} \tan \alpha_k。$$

也就是說，定理 3.1 的證明其實就是等價於下面的問題。

問題 3.2. 固定一個正整數 $n \geq 3$，試求函數
$$f(x) = \sum_{k=1}^{n} \tan x_k,$$
$x = (x_1, \cdots, x_n)$，在限制 $0 < x_k < \frac{\pi}{2}$（其中 $1 \leq k \leq n$）和 $x_1 + \cdots + x_n = \pi$ 之下的極小值。

§3.2 正切函數的凸性

為了回答問題 3.2，在這一節裡我們將研究正切函數在開區間 $(0, \frac{\pi}{2}) = \{x \in \mathbb{R} \mid 0 < x < \frac{\pi}{2}\}$ 上的凸性。我們的目標就是要證明平面上的區域 $\Omega = \{(x, y) \in \mathbb{R}^2 \mid 0 < x < \frac{\pi}{2}, \tan x \leq y < +\infty\}$ 是一個凸集合，或者說，對於任意兩點 $0 < x_1 < x_2 < \frac{\pi}{2}$，如果點 x 位在點 x_1 和 x_2 之間，亦即，$x_1 \leq x \leq x_2$，則點 $(x, \tan x)$ 必須落在通過點 $(x_1, \tan x_1)$ 和 $(x_2, \tan x_2)$ 之直線 L 上或 L 的下面。所以，在這一節我們主要就是要證明下面的定理。

定理 3.3. 對於任意 $x, y \in (0, \frac{\pi}{2})$，以及 $k \in \mathbb{N}$ 滿足 $k \geq 2$，我們有
$$\tan(\frac{r}{k}x + \frac{s}{k}y) \leq \frac{r}{k}\tan x + \frac{s}{k}\tan y, \qquad (3.1)$$
其中 r, s 為非負的整數，滿足 $r + s = k$。

證明： 當 $x = y$ 時，很明顯地，在 (3.1) 中等號是成立的。另外，如果 $r = 0$ 或 $s = 0$，則 (3.1) 中等號也是成立的。因此，我們可以假設 $0 < x < y < \frac{\pi}{2}$ 以及 $0 < r, s < k$。注意到我們也可以把 (3.1) 寫成下面的形式
$$\tan(\frac{r}{k}x + \frac{s}{k}y) = \tan(x + \frac{s}{k}(y-x)) \leq \tan x + \frac{s}{k}(\tan y - \tan x)。 \qquad (3.2)$$

§3.2　正切函數的凸性

首先，討論 $k=2$ 且 $r=s=1$ 的情形。我們作一條直線 L 通過點 $P=(1,0)$ 並垂直 x 軸。然後在直線 L 上取兩點 A 和 B 使得 $\angle AOP = y$ 且 $\angle BOP = x$。注意到此時 x 表示一個角度，不是 x 軸。接著，作角 AOB 的分角線 OC 交直線 L 於點 C。因而得到一個直角三角形 OPC，其中 $\angle OPC = \frac{\pi}{2}$。所以，$\angle OCP < \frac{\pi}{2}$，$\angle OCA > \frac{\pi}{2}$。也因此，我們可以再自點 C 作一條線段 CD 交線段 AO 於點 D 使得 $\angle OCD = \angle OCB$，如圖 3-3。

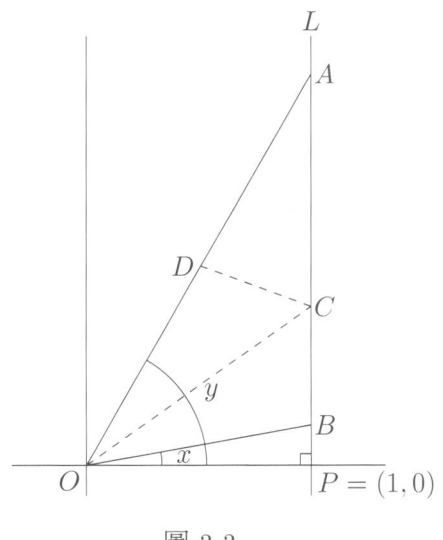

圖 3-3

基於以上的設定，所以，$\triangle OCD \simeq \triangle OCB$。也因此，得到 $\overline{CB} = \overline{CD}$ 與

$$\begin{aligned}
\angle ADC &= \pi - \angle ODC \\
&= \pi - \angle OBC \\
&> \pi - \angle OBC - \angle AOB \\
&= \angle OAB \\
&= \angle A \text{。}
\end{aligned}$$

這證明了
$$\overline{AC} > \overline{CD} = \overline{CB}。 \tag{3.3}$$
所以，
$$\begin{aligned}
\tan(x + \frac{1}{2}(y-x)) &= \overline{CP} \\
&= \overline{BP} + \overline{CB} \\
&< \overline{BP} + \frac{1}{2}\overline{AB} \\
&= \tan x + \frac{1}{2}(\tan y - \tan x)。
\end{aligned}$$

注意到在證明的過程中，我們得到不等式 (3.3)，亦即，$\overline{AC} > \overline{CB}$。這是一個很重要的觀察，對於後續歸納的證明很有幫助。

對於一般的情形，$k \geq 3$，我們同樣作一條直線 L 通過點 $P = (1,0)$ 並垂直 x 軸。然後在直線 L 上取兩點 A 和 B 使得 $\angle AOP = y$ 且 $\angle BOP = x$。接著，作角 AOB 的 k 等分角線交直線 L 於點 $C_1, \cdots, C_{k-1}$，如圖 3-4。

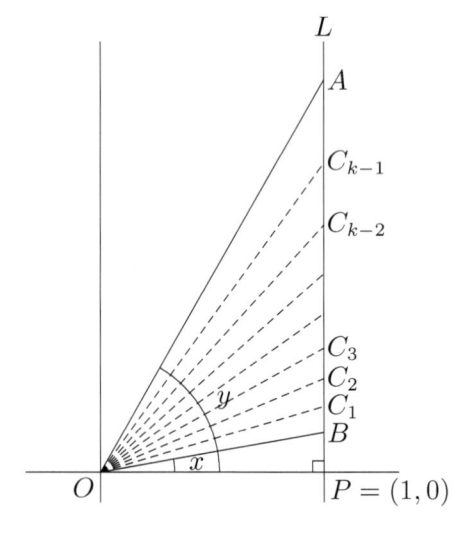

圖 3-4

§3.2 正切函數的凸性

首先,由不等式 (3.3),我們立刻得到

$$\overline{AC_{k-1}} > \overline{C_{k-1}C_{k-2}} > \cdots > \overline{C_2C_1} > \overline{C_1B}。$$

因此,

$$\begin{aligned}
\overline{AB} &= \overline{AC_{k-1}} + \overline{C_{k-1}C_{k-2}} + \cdots + \overline{C_2C_1} + \overline{C_1B} \\
&> \frac{1}{k-1}(\overline{C_{k-1}C_{k-2}} + \cdots + \overline{C_2C_1} + \overline{C_1B}) \\
&\quad + \overline{C_{k-1}C_{k-2}} + \cdots + \overline{C_2C_1} + \overline{C_1B} \\
&= \frac{k}{k-1}(\overline{C_{k-1}C_{k-2}} + \cdots + \overline{C_2C_1} + \overline{C_1B}) \\
&= \frac{k}{k-1}\overline{C_{k-1}B}。
\end{aligned}$$

因為當 $k=2$ 時,我們已經證明了不等式 (3.1) 是成立的。所以,接下來我們將對 k 做歸納法的證明,亦即,我們假設不等式 (3.1) 在 $k-1 \geq 2$ 是成立的。然後討論 k 的情形。

所以我們假設 $0 < s < k$,則由歸納法,亦即,在 $k-1$ 時的 (3.1) 或 (3.2),我們便可以得到

$$\begin{aligned}
\tan(x + \frac{s}{k}(y-x)) &= \tan(x + \frac{s}{k-1} \cdot \frac{k-1}{k}(y-x)) \\
&\leq \tan x + \frac{s}{k-1}(\tan(x + \frac{k-1}{k}(y-x)) - \tan x) \\
&= \tan x + \frac{s}{k-1}(\overline{C_{k-1}P} - \overline{BP}) \\
&= \tan x + \frac{s}{k-1}\overline{C_{k-1}B} \\
&< \tan x + \frac{s}{k-1} \cdot \frac{k-1}{k}\overline{AB} \\
&= \tan x + \frac{s}{k}(\overline{AP} - \overline{BP}) \\
&= \tan x + \frac{s}{k}(\tan y - \tan x)。
\end{aligned}$$

如此,就完成了定理 3.3 的證明。證明完畢。 □

特別注意到，當 $0 < s < k$ 時，我們得到的是 (3.1) 或 (3.2) 的嚴格不等式。

最後在本節裡，我們也可以從不同的觀點來切入定理 3.3 的證明。也就是說，利用 $k = 2$ 的結果，我們便可以直接證明一般的情形，而不需要透過數學歸納法的論證。這是一個蠻有意思的觀察，主要是源自於底下一個簡單的引理。

引理 3.4. 假設有 $k \geq 2$ 個正數 a_j ($1 \leq j \leq k$) 滿足 $0 < a_1 < a_2 < \cdots < a_k$，則對於任意正整數 s，$0 < s < k$，我們有

$$\frac{a_1 + \cdots + a_s}{s} < \frac{a_1 + \cdots + a_k}{k}。 \tag{3.4}$$

證明： 設平均值 $m_s = \frac{a_1 + \cdots + a_s}{s}$。所以由假設得知，$m_s < a_s$。因此，當 $s+1 \leq j \leq k$ 時，再由假設我們可以把 a_j 寫成 $a_j = m_s + r_j$，其中 $r_j > 0$。這樣我們就可以得到

$$\frac{a_1 + \cdots + a_s + a_{s+1} + \cdots + a_k}{k} = \frac{sm_s + (m_s + r_{s+1}) + \cdots + (m_s + r_k)}{k}$$

$$= \frac{km_s + r_{s+1} + \cdots + r_k}{k}$$

$$> m_s。 \qquad \square$$

現在我們回到定理 3.3 的證明。首先，由不等式 (3.3)，我們得到

$$\overline{AC_{k-1}} > \overline{C_{k-1}C_{k-2}} > \cdots > \overline{C_2C_1} > \overline{C_1B}。$$

因此，對於任意正整數 s，$0 < s < k$，利用引理 3.4 而不透過數學歸納法的論證，我們可以直接得到

$$\tan(x + \frac{s}{k}(y-x)) = \overline{C_sP} = \overline{BP} + \overline{C_sC_{s-1}} + \cdots + \overline{C_2C_1} + \overline{C_1B}$$

$$< \overline{BP} + \frac{s}{k}(\overline{AC_{k-1}} + \overline{C_{k-1}C_{k-2}} + \cdots + \overline{C_1B})$$

$$= \overline{BP} + \frac{s}{k}\overline{AB}$$

$$= \tan x + \frac{s}{k}(\tan y - \tan x)。$$

這樣也完成了定理 3.3 的證明。證明完畢。

§3.3　極小值的證明

最後在這一節裡,我們利用正切函數的凸性,亦即定理 3.3,來回答問題 3.2。也就是說,固定一個正整數 $n \geq 3$,$x = (x_1, \cdots, x_n)$,在限制 $0 < x_k < \frac{\pi}{2}$(其中 $1 \leq k \leq n$)和 $x_1 + \cdots + x_n = \pi$ 之下,我們要求函數

$$f(x) = \sum_{k=1}^{n} \tan x_k$$

的極小值。

這個問題現在只要重複 $n-1$ 次地利用定理 3.3,就可以直接得到

$$\begin{aligned}
\sum_{k=1}^{n} \tan x_k &= 2\left(\frac{1}{2}\tan x_1 + \frac{1}{2}\tan x_2\right) + \sum_{k=3}^{n} \tan x_k \\
&\geq 2\tan(\frac{x_1+x_2}{2}) + \sum_{k=3}^{n} \tan x_k \\
&= 3\left(\frac{2}{3}\tan(\frac{x_1+x_2}{2}) + \frac{1}{3}\tan x_3\right) + \sum_{k=4}^{n} \tan x_k \\
&\geq 3\tan(\frac{x_1+x_2+x_3}{3}) + \sum_{k=4}^{n} \tan x_k \\
&\vdots \\
&\geq n\tan(\frac{x_1+\cdots+x_n}{n}) \\
&= n\tan\frac{\pi}{n} \text{。}
\end{aligned}$$

我們發現函數 $f(x)$ 在此限制之下會得到極小值若且唯若 $x_1 = \cdots = x_n = \frac{\pi}{n}$。主要是因為當函數 $f(x)$ 在此限制之下得到極小值時,

則在上述的證明中，所有的符號「≥」全部都必須成為等號。這也是一個很漂亮的結果，當然同時也證明了定理 3.1。如果我們把單位圓外切正 n 邊形的面積記為 A_n，則

$$A_3 = 3\tan\frac{\pi}{3} = 3\sqrt{3},$$
$$A_4 = 4\tan\frac{\pi}{4} = 4。$$

最後，如同上一章一樣，我們做一個簡單的結論。很明顯地，從幾何上可以看出，我們如果在單位圓上任意選取一個異於圓外切正 n 邊形切點的點 Q，接著，再作一條直線 L 與單位圓相切於點 Q。我們便會得到一個單位圓上之外切 $n+1$ 邊形，記為 Ω_{n+1}，如圖 3-5（$n = 3$）。

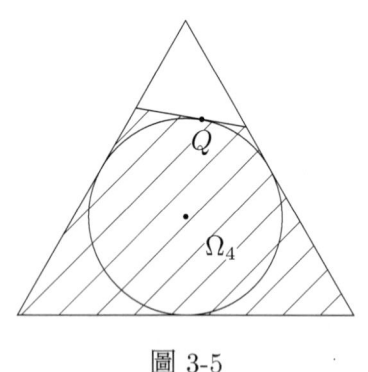

圖 3-5

很清楚地，Ω_{n+1} 的面積會小於 A_n。因此，由定理 3.1 立即得到

$$A_{n+1} \leq \Omega_{n+1} \text{ 的面積} < A_n。$$

這說明了 $\{A_n = n\tan\frac{\pi}{n}\}_{n=3}^{\infty}$ 是一個嚴格遞減的數列。接著，再利用第 1 章第 6 節中所得到的結論，就可以得到其極限

$$\lim_{n\to\infty} A_n = \lim_{n\to\infty} n\tan\frac{\pi}{n} = \pi\left(\lim_{n\to\infty} \frac{\frac{n}{\pi}\sin\frac{\pi}{n}}{\cos\frac{\pi}{n}}\right) = \pi,$$

就是單位圓的面積。

第 4 章
幾何中的等差數列

§4.1 等差數列

在數學上,一個數列就是把幾個數 $a_1, a_2, \cdots, a_n$ 排在一起,通常簡記為 $\{a_k\}_{k=1}^n$,其中 a_1 為此數列的首項,a_k 為第 k 項,而 a_n 即為此數列的末項。相鄰兩項 a_{k-1} 和 a_k 的差為 $d_k = a_k - a_{k-1}$,其中 $2 \leq k \leq n$。我們稱一個數列 $\{a_k\}_{k=1}^n$ 為等差數列,如果

$$d = d_2 = d_3 = \cdots = d_n \text{。}$$

此時,稱 d 為這個數列的公差。很容易地,我們也可以把等差數列以下列的方式來敘述。

定理 4.1. 數列 $\{a_k\}_{k=1}^n$ 為等差數列,若且唯若 $a_{k+1} - a_k = a_k - a_{k-1}$ 或 $2a_k = a_{k-1} + a_{k+1}$,其中 $2 \leq k \leq n-1$。

所以,對於一個等差數列 $\{a_k\}_{k=1}^n$,我們只要知道其首項 a_1 和公差 d,便可以知道其任意項 $a_k = a_1 + (k-1)d$,其中 $2 \leq k \leq n$。

底下是幾個關於等差數列的例子。

例 4.2. 數列 $1, 2, \cdots, n$,即 $a_k = k$ ($1 \leq k \leq n$) 是一個等差數列。此時,首項 $a_1 = 1$,公差為 $d = 1$。若我們把此數列中的所有項數

45

都加起來，利用數學歸納法，便可得其總和為

$$\sum_{k=1}^{n} a_k = \sum_{k=1}^{n} k = \frac{n(n+1)}{2} \text{。}$$

例 4.3. 若 $\{a_k\}_{k=1}^{n}$ 為一個具有公差 d 的等差數列，利用例 4.2 中求和的公式，我們也可以計算此數列的和如下：

$$\sum_{k=1}^{n} a_k = \sum_{k=1}^{n} (a_1 + (k-1)d) = na_1 + d\sum_{k=1}^{n}(k-1) = na_1 + \frac{n(n-1)d}{2} \text{。}$$

例 4.4. 假設 $\{a_k\}_{k=1}^{200}$ 為一個等差數列，其中 $a_1 = 5$，公差為 $d = 3$。試問此數列之第 100 項 a_{100} 為多少？

由題意馬上可以得知 $a_{100} = 5 + (100-1) \times 3 = 5 + 297 = 302$。

等差數列在數學上是一個相當簡單且易懂的概念。在本章裡，我們的目的其實是想討論一個平面幾何上的問題，也就是說，我們如何對平面上一個給定的多邊形做適當的切割，讓因此而生成的小多邊形的面積形成一個等差數列。

§4.2　三角形的切割

首先，我們討論三角形的情形。這是一個簡單且易懂的例子。底下我們直接敘述此結果。

定理 4.5. 令 $\triangle ABC$ 為一三角形。如果把邊 AB 與 AC 各分成 n 等分 ($n \geq 3$)，再分別連結相對應的分割點，則依序所形成的小三角形和梯形的面積會形成一個等差數列。

定理 4.5 很容易就可以說明。依據假設，我們可設邊 AB 上的分割點為 $A = E_0, E_1, \cdots, E_{n-1}, E_n = B$，邊 AC 上的分割點為 $A = F_0, F_1, \cdots, F_{n-1}, F_n = C$，滿足 $\overline{E_k E_{k-1}} = \frac{1}{n}\overline{AB}$ 和 $\overline{F_k F_{k-1}} =$

§4.3 四邊形的切割   47

$\frac{1}{n}\overline{AC}$，其中 $1 \leq k \leq n$。同時，作一條通過點 E_1 且和邊 AC 平行的直線 L，並設其與線段 E_kF_k 的交點為 D_k $(1 \leq k \leq n)$，其中 $D_1 = E_1$，如圖 4-1。

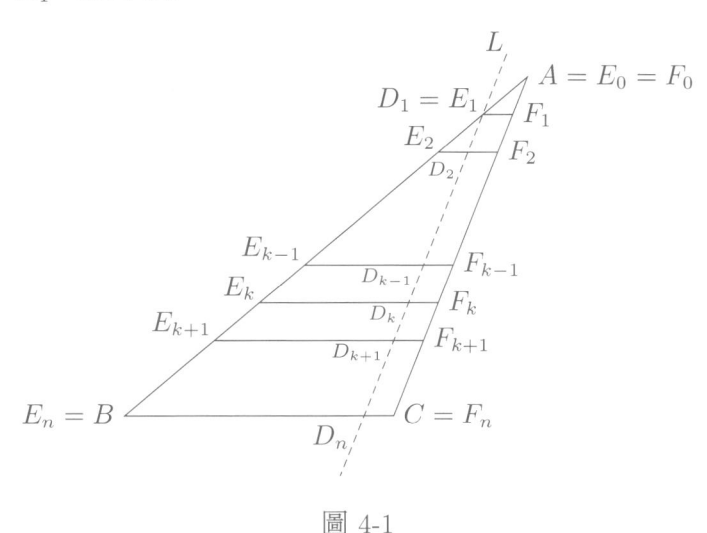

圖 4-1

此時，把三角形 AE_1F_1 的面積記為 A_1，把梯形 $E_{k-1}F_{k-1}F_kE_k$ 的面積記為 A_k $(2 \leq k \leq n)$。因為 $\overline{E_kF_k} \parallel \overline{BC}$ $(1 \leq k \leq n)$，且 $L \parallel \overline{AC}$，不難看出三角形 AE_1F_1 全等於三角形 $E_1E_2D_2$，梯形 $E_{k-1}F_{k-1}F_kE_k$ 全等於梯形 $E_kD_kD_{k+1}E_{k+1}$ $(2 \leq k \leq n-1)$。因此，便可知道數列 $\{A_k\}_{k=1}^n$ 會形成一個等差數列，其公差 d 就是任意平行四邊形 $D_{k-1}F_{k-1}F_kD_k$ $(2 \leq k \leq n)$ 的面積。

§4.3　四邊形的切割

對於三角形的切割有了初步的瞭解之後，在本節裡我們將討論四邊形上類似的問題，敘述如下。

問題 4.6. 假設 $\square ABCD$ 為平面上一個任意四邊形。現在如果把兩

對邊 AD 與 BC 分別分為 n 等分，其中 $n \geq 3$ 為一個正整數，再將對應的分割點以線段相連結，如此由上而下便可以得到 n 個小四邊形。接著把這些小四邊形的面積依序記為 $A_1, A_2, \cdots, A_n$。試問這個數列 $\{A_k\}_{k=1}^n$ 有什麼性質？會是一個等差數列嗎？

不同於三角形的情形，對於這個問題我們考慮的四邊形 $ABCD$ 不能太隨意。因為如果這個四邊形不是凸的，則這些分割點的連線就可能有一部分會落在此四邊形的外面，導致於無法對此四邊形做適當的分割，如圖 4-2 所示。

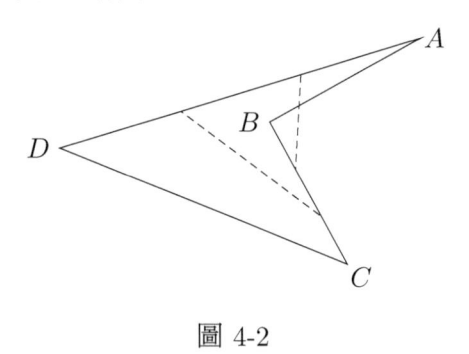

圖 4-2

所以，在此我們必須假設考慮中的四邊形 $ABCD$ 是凸的。關於平面上一個集合的凸性，我們在第 1 章的第 4 節裡曾經提過。這裡我們只對凸集合的定義做一個簡單的回憶。

定義 4.7. 假設 Ω 是平面上的一個子集合，且 x,y 為 Ω 上任意不同的兩點。如果 Ω 也同時包含了 x,y 兩點所連結的線段，我們便說集合 Ω 是凸的。

比如說，三角形就是凸的。這也解釋了集合的凸性為什麼沒有出現在三角形切割問題上的討論。當邊數為四的時候，就會有不少四邊形不是凸的。

關於問題 4.6，首先我們來看幾個特殊的例子。

§4.3 四邊形的切割　　　　　　　　　　　　　　　　　　　　　49

例 4.8. 假設 $\square ABCD$ 為平面上的一個平行四邊形。此時，如果把兩對邊 AD 與 BC 分別分為 n 等分，其中 $n \geq 3$ 為一個正整數，再將對應的分割點以線段相連結。很明顯地，我們會得到 n 個完全相等的小平行四邊形，如圖 4-3。

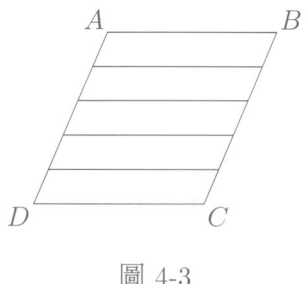

圖 4-3

所以，$A_1 = A_2 = \cdots = A_n$，也就是說，這些小平行四邊形的面積 $A_1, A_2, \cdots, A_n$ 會形成一個公差為 0 的等差數列。

例 4.9. 假設 $\square ABCD$ 為平面上的一個梯形。同時，也假設 $\overline{AD} \parallel \overline{BC}$。現在，如果把對邊 AD 與 BC 分別分為 n 等分，其中 $n \geq 3$ 為一個正整數，再將對應的分割點以線段相連結。我們會因此得到 n 個小梯形，如圖 4-4。

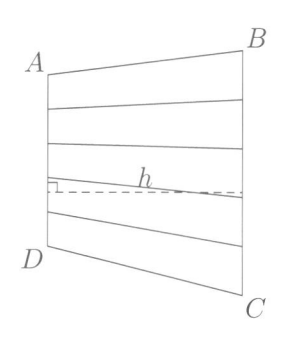

圖 4-4

這些小梯形的上底長全等於 $\frac{\overline{AD}}{n}$，下底長全等於 $\frac{\overline{BC}}{n}$。因此，我

們得到

$$A_1 = A_2 = \cdots = A_n = \frac{h(\overline{AD} + \overline{BC})}{2n},$$

其中 h 為平行線 AD 與 BC 之間的距離。所以，這些小梯形的面積 $A_1, A_2, \cdots, A_n$ 也會形成一個公差為 0 的等差數列。

接著，我們再一次討論梯形的情形。但是，這一次我們切割不平行的兩對邊。

例 4.10. 假設 $\square ABCD$ 為平面上的一個梯形。同時，我們也假設 $\overline{AB} \parallel \overline{DC}$ 和 $\overline{AB} < \overline{DC}$。所以，就可以知道 $\overline{AD} \nparallel \overline{BC}$。現在，如果把對邊 AD 與 BC 分別分為 n 等分，其中 $n \geq 3$ 為一個正整數，再將對應的分割點以線段相連結。我們會因此得到 n 個小梯形，如圖 4-5。

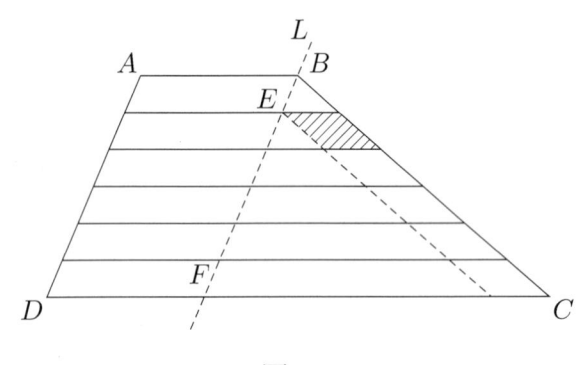

圖 4-5

我們將以兩種不同的方式來解釋這些小梯形的面積依序會形成一個等差數列。

方法（一）。在圖 4-5 中，首先過點 B 作一條平行邊 AD 的直線 L，得到直線 L 與分割線的兩個交點 E 和 F，如圖所示。接著，再過點 E 作一條平行邊 BC 的直線。很明顯地，這些小梯形在直線 L 左邊的部分會形成全等的平行四邊形。至於這些小梯形在直線 L

右邊的部分,我們可以重複定理 4.5 中的討論,得知它們的面積會形成一個等差數列且其公差就是圖 4-5 中有斜線部分之小平行四邊形的面積。所以,整體而言,這些小梯形的面積依序會形成一個等差數列且其公差就是圖 4-5 中有斜線部分之小平行四邊形的面積。

方法(二)。此方法則是利用定理 4.1,直接把連續三個小梯形和它們旋轉 180 度的圖形拼湊在一起,形成一個較大的平行四邊形,如圖 4-6。

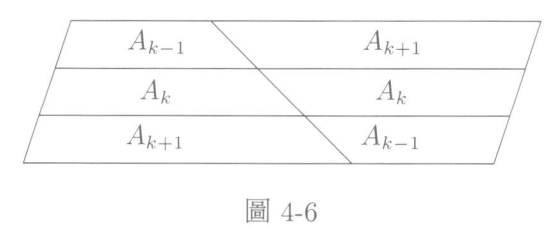

[圖 4-6:一個平行四邊形分成三層,上層左 A_{k-1} 右 A_{k+1},中層左右皆 A_k,下層左 A_{k+1} 右 A_{k-1}]

圖 4-6

如此,便可馬上得知

$$2A_k = A_{k-1} + A_{k+1}\text{,其中 } 2 \leq k \leq n-1。$$

這裡 A_k($1 \leq k \leq n$)為第 k 個小梯形的面積。因此,就可以知道這些小梯形的面積依序會形成一個等差數列。只是在此方法我們較不易看出此等差數列的公差到底是多少。

由以上例 4.8 至例 4.10,我們發現問題 4.6 在這幾個特殊情形之下都是對的。所以在本節中,最後我們要證明底下的定理,也就是說,問題 4.6 在任意凸四邊形都是對的。

定理 4.11. 假設 □$ABCD$ 為平面上一個任意的凸四邊形。現在如果把兩對邊 AD 與 BC 分別分為 n 等分,其中 $n \geq 3$ 為一個正整數,再將對應的分割點以線段相連結。如此由上而下所得到 n 個小四邊形的面積,依序記為 $A_1, A_2, \cdots, A_n$,會形成一個等差數列。

證明: 基於例 4.8 至例 4.10 的討論,我們可以假設 $\overline{AD} \nparallel \overline{BC}$ 且

$\overline{AB} \nparallel \overline{DC}$。首先,把兩對邊 AD 與 BC 分別分成 n 等分。同時,假設邊 AD 上的分割點為 $A = F_0, F_1, F_2, \cdots, F_n = D$,邊 BC 上的分割點為 $B = E_0, E_1, E_2, \cdots, E_n = C$。接著,過點 E_k ($0 \leq k \leq n$) 分別作一條平行邊 AD 的直線 L_k。當 $0 \leq k \leq n-2$ 時,再分別令直線 L_k 交分割線 $E_{k+2}F_{k+2}$ 於點 G_{k+2},如圖 4-7。

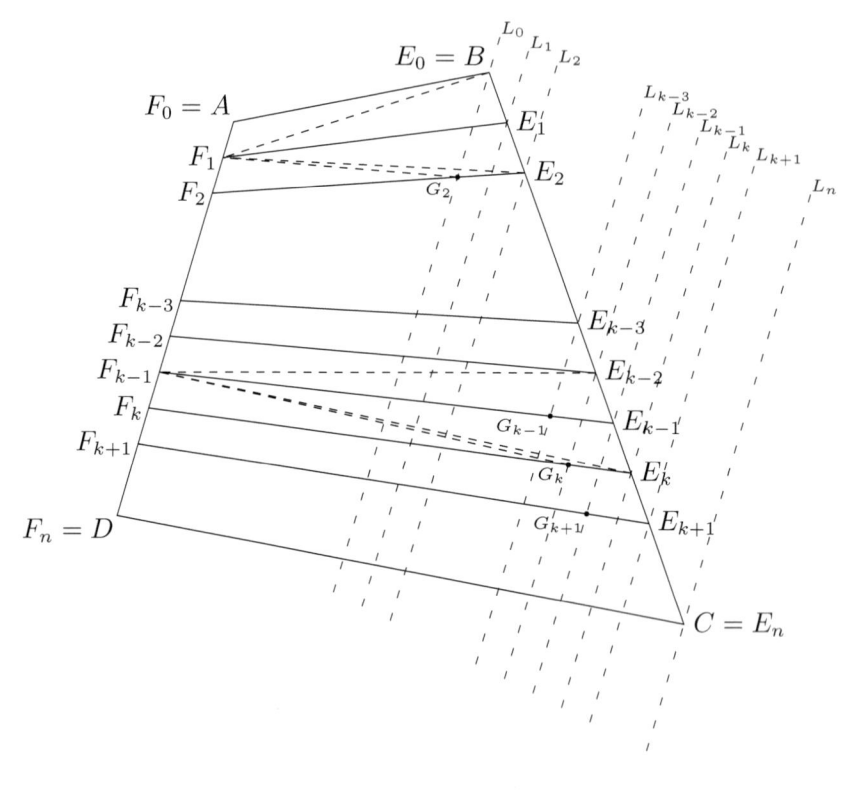

圖 4-7

現在,依序把四邊形 $E_{k-1}F_{k-1}F_kE_k$ ($1 \leq k \leq n$) 的面積記為 A_k。我們的目標就是要找出數列 $\{A_k\}_{k=1}^n$ 的公差 d。底下,我們將用符號 $a\triangle XYZ$ 代表三角形 XYZ 的面積,符號 $a\square WXYZ$ 代表四邊形 $WXYZ$ 的面積。

§4.3 四邊形的切割

一個重要的觀察就是，在輔助線 L_k（$0 \leq k \leq n$）和點 G_k（$2 \leq k \leq n$）的協助之下，四邊形 $E_{k-1}F_{k-1}F_kE_k$（$2 \leq k \leq n$）的面積 A_k 可以用兩種不同的組合方式表現出來，如下：

$$\begin{aligned} A_k &= a\square E_{k-1}F_{k-1}F_kE_k \\ &= a\triangle E_{k-1}E_kF_{k-1} + a\triangle E_kG_kF_{k-1} + a\triangle G_kF_{k-1}F_k \\ &= a\triangle E_{k-1}E_kF_k + a\triangle E_{k-1}F_{k-1}F_k \, \text{。} \end{aligned}$$

接著，由於點 E_k 和點 F_k（$0 \leq k \leq n$）分別等分邊 BC 和 AD，所以有 $\overline{E_{k-1}E_k} = \overline{E_kE_{k+1}}$ 與 $\overline{F_{k-1}F_k} = \overline{F_kF_{k+1}}$，其中 $1 \leq k \leq n-1$。再加上輔助線 L_k（$0 \leq k \leq n$）平行於邊 AD，因此在三角形 $G_kF_{k-1}F_k$ 與三角形 $E_{k-2}F_{k-2}F_{k-1}$ 中（$2 \leq k \leq n$），有相同大小的底，亦即 $\overline{F_{k-1}F_k} = \overline{F_{k-2}F_{k-1}}$，和相同的高 h_{k-2}。在這裡 h_k（$0 \leq k \leq n$）表示輔助線 L_k 到邊 AD 的距離。這說明了

$$a\triangle G_kF_{k-1}F_k = a\triangle E_{k-2}F_{k-2}F_{k-1} \, \text{。}$$

另一方面，因為 $\overline{E_{k-1}E_k} = \overline{E_{k-2}E_{k-1}}$，所以，

$$a\triangle E_{k-1}E_kF_{k-1} = a\triangle E_{k-2}E_{k-1}F_{k-1} \, \text{。}$$

有了這些觀察之後，便可計算差 d_k（$2 \leq k \leq n$）如下：

$$\begin{aligned} d_k &= A_k - A_{k-1} \\ &= a\triangle E_{k-1}E_kF_{k-1} + a\triangle E_kG_kF_{k-1} + a\triangle G_kF_{k-1}F_k \\ &\quad - (a\triangle E_{k-2}E_{k-1}F_{k-1} + a\triangle E_{k-2}F_{k-2}F_{k-1}) \\ &= a\triangle E_kG_kF_{k-1} \\ &= a\triangle E_kF_{k-1}F_k - a\triangle G_kF_{k-1}F_k \\ &= \frac{1}{2}(h_k - h_{k-2})\overline{F_{k-1}F_k} \, \text{。} \end{aligned}$$

最後，因為輔助線 L_k（$0 \leq k \leq n$）皆平行於邊 AD 且點 E_k

($0 \leq k \leq n$) 等分了邊 BC，所以

$$h_{k+1} - h_{k-1} = h_k - h_{k-2}，$$

對所有 $2 \leq k \leq n-1$ 都成立。再加上點 F_k ($0 \leq k \leq n$) 等分了邊 AD，這就說明了

$$d = d_2 = d_3 = \cdots = d_n。$$

因此，這 n 個小四邊形的面積會形成一個等差數列，其中公差 d 就是三角形 $E_k G_k F_{k-1}$ 的面積 ($2 \leq k \leq n$)。如此，也完成了定理 4.11 的證明。□

定理 4.11 給予了問題 4.6 在任意凸四邊形上肯定的答案，其證明也是一般性的。假如我們在定理 4.11 的證明中，加上 $\overline{AD} \parallel \overline{BC}$ 的條件，很清楚地可以知道輔助線 L_k ($0 \leq k \leq n$) 都會和邊 BC 重疊。因此，得到 $G_k = E_k$ ($2 \leq k \leq n$)。也就是說，在此情形公差 $d = 0$。同時，我們也會回到例 4.8 和例 4.9 的特殊情況。

另一方面，如果我們在定理 4.11 的證明中，加上 $\overline{AB} \parallel \overline{DC}$ 的條件，則連結線 $E_k F_k$ ($1 \leq k \leq n-1$) 都會平行於邊 AB 與邊 DC。亦即回到例 4.10 的情況。因此公差 d，也就是三角形 $E_k G_k F_{k-1}$ 的面積 ($2 \leq k \leq n$)，就會等於例 4.10 方法（一）中具有斜線部分之小平行四邊形的面積。原因是三角形 $E_k G_k F_{k-1}$ 的底邊 $E_k G_k$ 是具有斜線部分之小平行四邊形底邊的兩倍且它們都有同樣的高。

§4.4 推論

有了以上數節討論作基礎，我們也可以對平面上較一般的多邊形做切割，使得這些新生成小多邊形的面積依序會形成一個等差數列。

§4.4 推論　　　　　　　　　　　　　　　　　　　　　　　　　　55

例 4.12. 在多邊形中，假設可以從其中一個頂點連結其他頂點，亦即，這些連線也會落在此多邊形裡。接著，把這些連線段各分成 n 等分，之後再連結這些切割點。如此所得到的 n 個小多邊形的面積，由定理 4.5 知道，依序會形成一個等差數列，如圖 4-8。

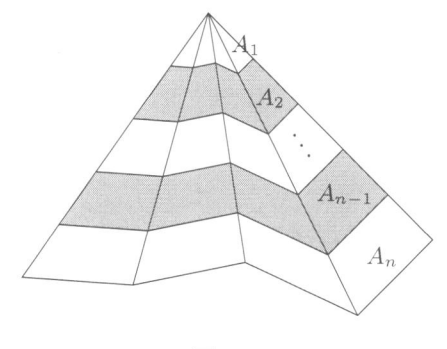

圖 4-8

例 4.13. 在一個多邊形中取一個內點。假設可以從此內點連結各個頂點，亦即，這些連線也會落在此多邊形裡。比如說，當此多邊形為凸的，這是一個必然的結果。接著，重複例 4.12 中的步驟。如此所得到的 n 個小多邊形的面積，同樣由定理 4.5 可以知道，它們依序會形成一個等差數列，如圖 4-9。

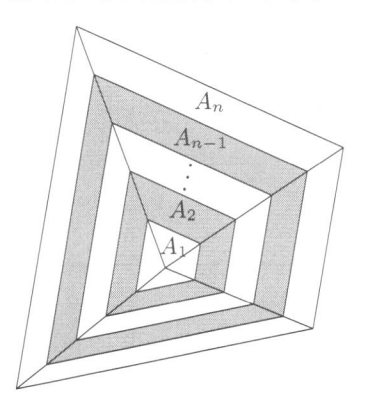

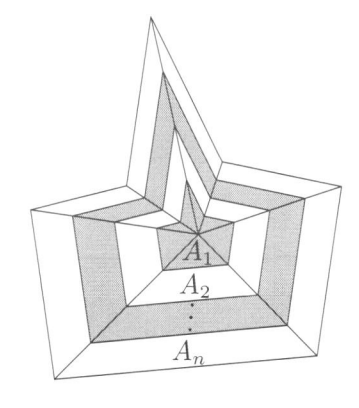

圖 4-9

例 4.14. 現在我們假設一個多邊形是由數個凸四邊形所拼湊出來的。同時，再重複定理 4.11 中切割的方式，如圖 4-10。則這些新生成小多邊形的面積，由定理 4.11 得知，它們也會依序形成一個等差數列。

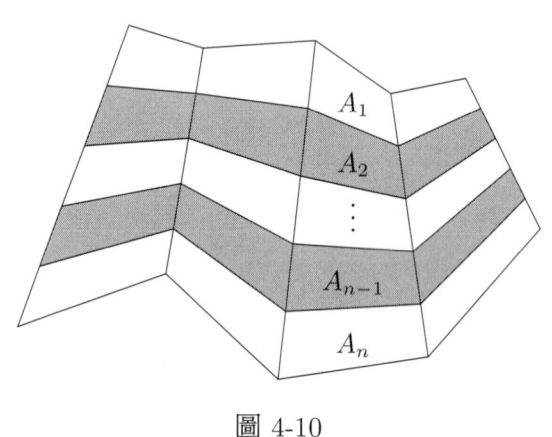

圖 4-10

第 5 章
黃金比例與斐波那契數列

§5.1 前言

西元 1202 年時，義大利數學家斐波那契（Leonardo Fibonacci，ca. 1170–ca. 1250）在他所寫的書（Liber Abaci，譯成算盤書）裡面，提出了一個問題：關於如何描述兔子在繁殖的過程中，每個月兔子族群的總數。這是第一本歐洲人所撰寫有關印度和阿拉伯數學的書。斐波那契為了給予兔子族群總數一個數學上比較精確的描述，他做了底下一些理想化的假設：

(i) 第一個月初有一對小兔子出生，一雄，一雌。
(ii) 小兔子經過一個月便長大成年，可以交配繁殖。每次每一對成年的兔子也都是生下一對小兔子，一雄，一雌。
(iii) 每一對成年的兔子每個月都會繼續生下一對小兔子，一雄，一雌。
(iv) 兔子永遠都不會死。

接下來的問題就是：在這樣的假設之下我們想知道，第 n 個月時，這個兔子族群總共有幾對兔子？

對於這個問題，一個簡單的分析可以敘述如下。我們不妨假設，在第 n 個月時，有 i 對成年的兔子和 j 對剛出生的小兔子。經過

個月後，在第 $n+1$ 個月時，依據假設 (ii) 和 (iv) 便會有 $i+j$ 對成年的兔子，和再依據假設 (iii)，i 對剛出生的小兔子。因此重複這樣的步驟，在第 $n+2$ 個月時，就會有 $2i+j$ 對成年的兔子和 $i+j$ 對剛出生的小兔子。如果我們用 F_n 來表示，在第 n 個月時，兔子族群中總共的對數，就很容易得到下列的關係式：

$$F_{n+2} = (2i+j) + (i+j) = F_{n+1} + F_n 。$$

因此，當一開始時有一對小兔子出生，得到 $F_1 = 1$。到了第二個月時小兔子長大了，還是只有一對兔子，所以 $F_2 = 1$。接下來就可以照著上述的公式來計算 F_n。這就說明了為什麼斐波那契會得到如下的數列

$$\{1, 1, 2, 3, 5, 8, 13, 21, 34, 55, 89, 144, 233, \cdots\}，$$

用以表示，在第 n 個月時，這個兔子族群總共的對數。

一直到西元 1634 年，才由法國數學家奇拉特（Albert Girard，1595–1632）經由研究提出，斐波那契所得到的數列，在數學上，其實是一個經由遞迴關係式所定義出來的數列。也就是說，它是一個數列 $\{a_n\}_{n=1}^{\infty}$，滿足下列的條件：

(i) a_1, a_2 為隨意給定的實數，

(ii) $a_{n+2} = a_n + a_{n+1}$，當 $n \geq 1$。

稍後，也一直等到十九世紀，再由另一個法國數學家盧卡斯（Édouard Lucas，1842–1891）敲定所謂「斐波那契數列」這個名詞。所以，現在我們也都把數列 $\{a_n\}_{n=1}^{\infty}$ 中的數 a_n 稱之為斐波那契數或斐氏數。

另外，多年來在數學家和科學家的研究發現，斐波那契數不只可以用來描述兔子繁殖的總數，大自然中有許多植物的生長方式，似乎也都包藏了斐波那契數的結構在裡面。比如：松果、鳳梨、蜂巢、花朵的花瓣數目（典型的有向日葵花瓣）、花朵的花序，以及樹葉的葉序等等。因此，我們可以說斐波那契數列的出現，不只在數

學上有所貢獻，也讓我們對日常生活中的一些事物有更進一步的瞭解。

近年來也有一些研究指出，早在斐波那契提出此數列之前，在印度的數學裡已經出現了斐氏數列相關的數學。

§5.2 斐波那契數列的一般解

在上一節中我們已經知道，在數學上斐波那契所得到的數列 $\{F_n\}$，其實是某一類經由遞迴關係式所定義出來的數列中的一個特例。只是現在，我們都把這樣的數列稱作斐波那契數列。我們必須注意到，在這裡所討論的斐波那契數列其項數 a_n 已不再被限定為正整數（或自然數），而是任意的實數。另一個重要的事實就是，一個斐波那契數列完全是由其前兩項 a_1, a_2 所決定。也就是說，只要給定了 a_1 與 a_2，我們就得到了一個斐波那契數列。在這裡，我們把所有斐波那契數列所形成的空間記為 V_F。同時，把 V_F 中的一個斐波那契數列簡記為 $\{a_n\}$。接著，我們可以在 V_F 上定義一個加法和一個純量的乘法如下：假設 $\{a_n\}$ 與 $\{b_n\}$ 為兩個斐波那契數列，定義

(i) $\{a_n\} + \{b_n\} = \{a_n + b_n\}$，

(ii) $\alpha\{a_n\} = \{\alpha a_n\}$，$\alpha$ 為一實數。

這樣的定義是合理的。我們很快地驗證如下：

(i) 令 $c_n = a_n + b_n$ $(n \geq 1)$ 為新數列中的第 n 項，則 $c_{n+2} = a_{n+2} + b_{n+2} = a_n + a_{n+1} + b_n + b_{n+1} = c_n + c_{n+1}$，$n \geq 1$。所以，$\{a_n + b_n\}$ 是一個斐波那契數列。

(ii) 令 $c_n = \alpha a_n$ $(n \geq 1)$ 為新數列中的第 n 項，則 $c_{n+2} = \alpha a_{n+2} = \alpha(a_n + a_{n+1}) = \alpha a_n + \alpha a_{n+1} = c_n + c_{n+1}$，$n \geq 1$。因此，$\{\alpha a_n\}$ 也是一個斐波那契數列。

這說明了 V_F 對加法和純量的乘法是封閉的。因此，V_F 是一個

佈於實數系的向量空間。同時，也讓我們聯想到，如果把一個斐波那契數列 $\{a_n\}$ 對應到 $\mathbb{R}^2$ 中由此數列前兩項 a_1 與 a_2 分別當作 x 與 y 座標的點，如下：

$$\phi : V_F \to \mathbb{R}^2,$$
$$\{a_n\} \mapsto \phi(\{a_n\}) = (a_1, a_2)。$$

則 V_F 便和 $\mathbb{R}^2$ 有一個一對一且映成的對應。在集合論上，這表示此兩集合是等勢的。也就是說，它們有相同的基數。或者是說，這兩個集合有同樣的大小。關於集合論中基數這一部分，我們在第 6 章會有較詳細的討論。

更進一步的觀察，我們也不難發現函數 ϕ 是線性的，亦即，ϕ 滿足

(i) $\phi(\{a_n\} + \{b_n\}) = \phi(\{a_n\}) + \phi(\{b_n\})$，

(ii) $\phi(\alpha\{a_n\}) = \alpha\phi(\{a_n\})$，$\alpha$ 為一實數。

很重要地這告訴我們，作為向量空間，V_F 是同構於 $\mathbb{R}^2$ 的。這樣的觀察對於斐波那契數列後續的描述有相對的重要性。因為當我們隨意給定一個斐波那契數列的前兩項 a_1 與 a_2 時，雖然它已決定了此數列的結構，但是我們卻很難看出來此斐波那契數列的一般項到底是什麼。為了解決這個困難，我們希望能用一個相對簡單的方式來描述斐波那契數列的一般項。很慶幸地，在數學上關於這個問題，我們可以利用等比數列和透過向量空間的結構來解決。

首先，由以上的討論知道，V_F 是一個同構於 $\mathbb{R}^2$ 的實數二維向量空間。所以，任何兩個線性獨立的向量都能形成一組基底。兩個線性獨立的向量，在此簡單的說，就是指這兩個向量不會共線。因而利用它們的線性組合，就可以生成此空間中的任何一個向量。因此，如果我們能夠找到兩個可以清楚表示且線性獨立的斐波那契數列，我們就有辦法寫出一般性的斐波那契數列。

所以，接下來我們的目標就是要在 V_F 中，去找出可以清楚表示的斐波那契數列。在數學裡，既簡單又能夠很清楚描述的數列，等

§5.2 斐波那契數列的一般解

比數列絕對是其中一個。我們只要知道第一項 a_1 和公比 $r \neq 0$，就可以寫出此數列的任意一項 $a_n = a_1 r^{n-1}$，其中 $n \geq 1$。為了達到這個目的，所以我們假設一個斐波那契數列同時也是一個等比數列且其公比 r 為一非零的實數，亦即，$a_{n+1} = ra_n = r^n a_1$ $(n \geq 1)$。因此，透過定義斐波那契數列的遞迴關係式 $a_{n+2} = a_n + a_{n+1}$ $(n \geq 1)$，我們便得到

$$r^2 a_n = a_n + ra_n，\quad n \geq 1。$$

在這裡，可以假設 $a_1 \neq 0$。否則此數列就會成為每一項都是 0 的零數列。因此，也就不需要再多加討論。因而在消去 a_n 之後，我們便發現此公比 r 必須滿足下列之一元二次方程式

$$r^2 - r - 1 = 0。$$

亦即，

$$r = \frac{1 \pm \sqrt{5}}{2}。$$

因此，若令 $a_1 = 1$，則我們得到兩個斐波那契數列

$$\left\{ \left(\frac{1+\sqrt{5}}{2} \right)^{n-1} \right\}_{n=1}^{\infty} \text{ 與 } \left\{ \left(\frac{1-\sqrt{5}}{2} \right)^{n-1} \right\}_{n=1}^{\infty}。$$

注意到，在 $\mathbb{R}^2$ 中與這兩個斐波那契數列對應的向量分別是 $(1, \frac{1+\sqrt{5}}{2})$ 與 $(1, \frac{1-\sqrt{5}}{2})$。同時也很容易就可以看出，這兩個向量是線性獨立的。最後，綜合以上的討論，我們證明了一般的斐波那契數列可以表示成

$$\left\{ a_n = \alpha \left(\frac{1+\sqrt{5}}{2} \right)^{n-1} + \beta \left(\frac{1-\sqrt{5}}{2} \right)^{n-1} \right\}_{n=1}^{\infty}，\text{ 其中 } \alpha, \beta \in \mathbb{R}。$$

例 5.1. 取 $\alpha = \frac{5+\sqrt{5}}{10}$，$\beta = \frac{5-\sqrt{5}}{10}$，則

$$a_1 = \alpha + \beta = \frac{5+\sqrt{5}}{10} + \frac{5-\sqrt{5}}{10} = 1,$$

$$a_2 = \alpha\left(\frac{1+\sqrt{5}}{2}\right) + \beta\left(\frac{1-\sqrt{5}}{2}\right)$$

$$= \left(\frac{5+\sqrt{5}}{10}\right)\left(\frac{1+\sqrt{5}}{2}\right) + \left(\frac{5-\sqrt{5}}{10}\right)\left(\frac{1-\sqrt{5}}{2}\right)$$

$$= \frac{10+6\sqrt{5}}{20} + \frac{10-6\sqrt{5}}{20} = 1。$$

因此，由這兩個係數 $\alpha = \frac{5+\sqrt{5}}{10}$ 和 $\beta = \frac{5-\sqrt{5}}{10}$ 對應所生成的斐波那契數列

$$\left\{a_n = \frac{5+\sqrt{5}}{10}\left(\frac{1+\sqrt{5}}{2}\right)^{n-1} + \frac{5-\sqrt{5}}{10}\left(\frac{1-\sqrt{5}}{2}\right)^{n-1}\right\}_{n=1}^{\infty}$$

$$= \left\{\frac{1}{\sqrt{5}}\left[\left(\frac{1+\sqrt{5}}{2}\right)^n - \left(\frac{1-\sqrt{5}}{2}\right)^n\right]\right\}_{n=1}^{\infty}$$

$$= \{1, 1, 2, 3, 5, 8, 13, 21, 34, 55, 89, 144, 233, \cdots\},$$

其實就是斐波那契最早所得到的數列 $\{F_n\}$。第一個等式所給出來的公式

$$F_n = \frac{1}{\sqrt{5}}\left[\left(\frac{1+\sqrt{5}}{2}\right)^n - \left(\frac{1-\sqrt{5}}{2}\right)^n\right],$$

就是比內（Jacques Philippe Marie Binet，1786–1856）在西元 1843 年所提出的公式，稱作「比內公式」（Binet's formula）。不過早在一世紀之前，瑞士數學家和物理學家歐拉（Leonhard Euler，1707–1783）、瑞士數學家伯努利（Daniel Bernoulli，1700–1782），和法國數學家棣美弗（Abraham de Moivre，1667–1754）就已知此結果。

例 5.2. 取 $\alpha = \frac{1+\sqrt{5}}{2}$，$\beta = \frac{1-\sqrt{5}}{2}$，則

$$a_1 = \alpha + \beta = \frac{1+\sqrt{5}}{2} + \frac{1-\sqrt{5}}{2} = 1,$$

$$a_2 = \alpha\left(\frac{1+\sqrt{5}}{2}\right) + \beta\left(\frac{1-\sqrt{5}}{2}\right)$$

$$= \left(\frac{1+\sqrt{5}}{2}\right)\left(\frac{1+\sqrt{5}}{2}\right) + \left(\frac{1-\sqrt{5}}{2}\right)\left(\frac{1-\sqrt{5}}{2}\right)$$

$$= \frac{6+2\sqrt{5}}{4} + \frac{6-2\sqrt{5}}{4} = 3 \text{。}$$

因此，由這兩個係數 $\alpha = \frac{1+\sqrt{5}}{2}$ 和 $\beta = \frac{1-\sqrt{5}}{2}$ 對應所生成的斐波那契數列為

$$\left\{a_n = \frac{1+\sqrt{5}}{2}\left(\frac{1+\sqrt{5}}{2}\right)^{n-1} + \frac{1-\sqrt{5}}{2}\left(\frac{1-\sqrt{5}}{2}\right)^{n-1}\right\}_{n=1}^{\infty}$$

$$= \left\{\left(\frac{1+\sqrt{5}}{2}\right)^n + \left(\frac{1-\sqrt{5}}{2}\right)^n\right\}_{n=1}^{\infty}$$

$$= \{1, 3, 4, 7, 11, 18, 29, 47, 76, 123, 199, 322, 521, \cdots\} \text{。}$$

法國數學家盧卡斯是第一位對這個數列加以研究的數學家。所以，現在我們都把這個數列稱作盧卡斯數列 $\{L_n\}_{n=1}^{\infty}$。它和斐波那契數列 $\{F_n\}_{n=1}^{\infty}$ 有著密切的連結。盧卡斯數列的一般項 L_n 為

$$L_n = \left(\frac{1+\sqrt{5}}{2}\right)^n + \left(\frac{1-\sqrt{5}}{2}\right)^n \text{。}$$

§5.3 黃金比例

在西元 1753 年，格拉斯哥大學（University of Glasgow）的蘇格蘭數學家和數學教授西姆森（Robert Simson，1687–1768）觀察到斐波那契數列 $\{F_n\}$ 一個很重要的性質。也就是說，在斐波那契數列 $\{F_n\}$ 中，相鄰兩數的比值 $\frac{F_{n+1}}{F_n}$ 最終會逼近到一個數 Φ。克卜勒

(Johannes Kepler，1571–1630) 也有類似的觀察。這個極限值就是著名的「黃金比例」(golden ratio)。底下，我們就來證明這一個敘述。

定理 5.3. 假設 $\{F_n\}_{n=1}^{\infty}$ 為原始的斐波那契數列，亦即 $F_1 = F_2 = 1$，則 $\lim_{n \to \infty} \frac{F_{n+1}}{F_n} = \frac{1+\sqrt{5}}{2}$。

證明： 方法 (一)。令 $x_n = \frac{F_n}{F_{n-1}}$，$n \geq 2$。因為 $\{F_n\}$ 為斐波那契數列，滿足 $F_{n+1} = F_n + F_{n-1}$，所以，得知

$$2F_{n-1} \geq F_n$$

與

$$x_{n+1} = 1 + \frac{1}{x_n} = 1 + \frac{F_{n-1}}{F_n} \geq \frac{3}{2}。$$

因此，經由直接的計算得到，當 $n \geq 3$，

$$|x_{n+1} - x_n| = \left|1 + \frac{1}{x_n} - 1 - \frac{1}{x_{n-1}}\right| = \frac{|x_{n-1} - x_n|}{x_{n-1}x_n} \leq \frac{2}{3}|x_n - x_{n-1}|。$$

這表示，當 $n \geq n_0 \geq 3$ 且 $k \in \mathbb{N}$ 時，我們有

$$|x_{n+k} - x_n| \leq \sum_{j=1}^{k} |x_{n+j} - x_{n+j-1}|$$

$$\leq |x_3 - x_2| \sum_{j=1}^{k} \left(\frac{2}{3}\right)^{n+j-3}$$

$$= \left(\frac{2}{3}\right)^{n-3} \sum_{j=1}^{k} \left(\frac{2}{3}\right)^{j}$$

$$\leq 2\left(\frac{2}{3}\right)^{n_0-3}。$$

也就是說，只要 n_0 足夠大，我們便可以讓 $|x_{n+k} - x_n|$ 任意的小。這說明了 $\{x_n\}_{n=2}^{\infty}$ 是一個柯西數列。因為在實數系裡，柯西數列與

§5.3 黃金比例

收斂數列是等價的。所以，我們證得數列 $\{x_n\}_{n=2}^{\infty}$ 是一個收斂的數列。關於柯西數列這一部分，讀者可以參考本書第 7 章第 2 節。

因此，可以假設 $\lim_{n\to\infty} x_n = \Phi$。同時得到

$$\Phi = \lim_{n\to\infty} x_{n+1} = \lim_{n\to\infty}\left(1 + \frac{1}{x_n}\right) = 1 + \frac{1}{\Phi}。$$

很明顯地，極限值 Φ 滿足下列一元二次方程式

$$\Phi^2 - \Phi - 1 = 0。$$

由於 $\Phi \geq \frac{3}{2}$，因此，得到 $\Phi = \frac{1+\sqrt{5}}{2}$。

方法（二）。從例 5.1 知道，原始的斐波那契數列是由係數 $\alpha = \frac{5+\sqrt{5}}{10}$ 與 $\beta = \frac{5-\sqrt{5}}{10}$ 所生成。因為 $|\frac{1-\sqrt{5}}{1+\sqrt{5}}| < 1$，所以

$$\lim_{n\to\infty}\frac{F_{n+1}}{F_n} = \lim_{n\to\infty}\frac{\alpha\left(\frac{1+\sqrt{5}}{2}\right)^n + \beta\left(\frac{1-\sqrt{5}}{2}\right)^n}{\alpha\left(\frac{1+\sqrt{5}}{2}\right)^{n-1} + \beta\left(\frac{1-\sqrt{5}}{2}\right)^{n-1}}$$

$$= \lim_{n\to\infty}\frac{\alpha\left(\frac{1+\sqrt{5}}{2}\right) + \beta\left(\frac{1-\sqrt{5}}{2}\right)\left(\frac{1-\sqrt{5}}{1+\sqrt{5}}\right)^{n-1}}{\alpha + \beta\left(\frac{1-\sqrt{5}}{1+\sqrt{5}}\right)^{n-1}}$$

$$= \frac{1+\sqrt{5}}{2}。\qquad\square$$

在方法（二）的證明裡也可以看出來，如果一個斐波那契數列 $\{a_n\}$ 生成的係數中 $\alpha \neq 0$，則當 n 足夠大時，$a_n \neq 0$。因此，當 $n \geq n_0$，n_0 為一個夠大的正整數，我們也是可以定義比值 $\frac{a_{n+1}}{a_n}$。同時，$\lim_{n\to\infty}\frac{a_{n+1}}{a_n} = \frac{1+\sqrt{5}}{2}$ 也是成立的。所以，對於盧卡斯數列，我們也有

$$\lim_{n\to\infty}\frac{L_{n+1}}{L_n} = \frac{1+\sqrt{5}}{2}。$$

另一方面，如果一個斐波那契數列 $\{a_n\}$ 生成的係數中 $\alpha = 0$，但是 $\beta \neq 0$。則此斐波那契數列可以表示成 $\{\beta(\frac{1-\sqrt{5}}{2})^{n-1}\}_{n=1}^{\infty}$。所以，在此情況，我們有 $\lim_{n\to\infty} \frac{a_{n+1}}{a_n} = \frac{1-\sqrt{5}}{2}$。

在定理 5.3 得到的極限值 $\Phi = \frac{1+\sqrt{5}}{2}$ 就是所謂的黃金比例。利用數值的方法可以得到它的近似值如下

$$\Phi = \frac{1+\sqrt{5}}{2} \approx 1.618033988745\cdots。$$

我們也不難把 Φ 表示成無限連分數

$$\Phi = 1 + \cfrac{1}{1 + \cfrac{1}{1 + \cfrac{1}{1 + \cfrac{1}{1+\cdots}}}}$$

或無限多重根號

$$\Phi = \sqrt{1 + \sqrt{1 + \sqrt{1 + \sqrt{1 + \cdots}}}}。$$

因為由第一個表示式，我們知道

$$\Phi = 1 + \frac{1}{\Phi}。$$

若經由第二個表示式，我們也可以得到

$$\Phi = \sqrt{1+\Phi}。$$

這都表示 Φ 是一元二次方程式 $x^2 - x - 1 = 0$ 大於零的解，亦即 $\Phi = \frac{1+\sqrt{5}}{2}$。

在現實生活裡，一個矩形的長與寬之比如果是等於 Φ，它給予人們的感覺似乎是特別的順眼與和諧。因此，我們把這樣的矩形稱作黃金矩形，也把 Φ 稱作黃金比例。大概這也解釋了為什麼人們會用「黃金」一詞當作形容詞。由於 Φ 是斐波那契數列 $\{F_n\}$ 中相鄰兩數比值 $\frac{F_{n+1}}{F_n}$ 的極限，因此我們有時候會把斐波那契數列稱作黃金數列。我們也可以利用斐波那契數列中，相鄰兩數 F_{n+1} 與 F_n 來畫出近似的黃金矩形，如圖 5-1。

§5.3　黃金比例

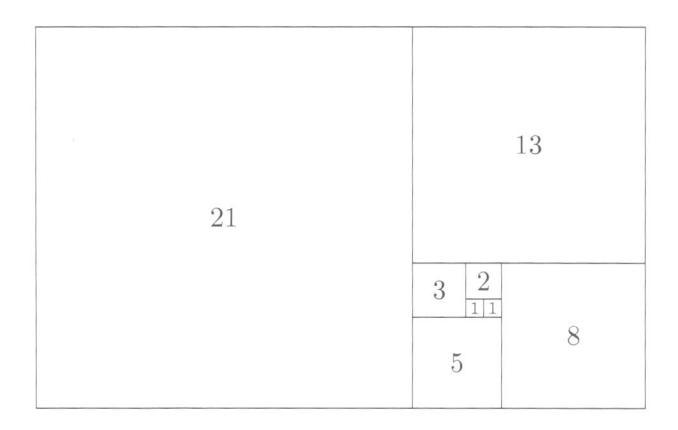

圖 5-1

　　既然黃金比例在我們的日常生活中這麼密不可分，因此我們便常常需要在一個給定的線段上，找一個點把此線段分割成兩個小線段，並且讓這兩個小線段長度的比值正好等於黃金比例。底下我們介紹一個方法，利用尺規作圖，可以用來找到那個黃金分割點。

　　假設給定一線段 AB，如圖 5-2。

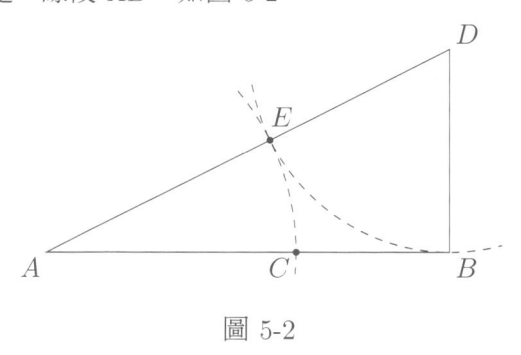

圖 5-2

　　作一線段 DB 垂直線段 AB 於 B，並且滿足 $\overline{DB} = \frac{1}{2}\overline{AB}$。接著用圓規以點 D 為圓心，線段 DB 為半徑，在線段 AD 上取一個點 E，使得 $\overline{DB} = \overline{DE}$。最後，再用圓規以點 A 為圓心，線段 AE 為半徑，在線段 AB 上取一個點 C，使得 $\overline{AE} = \overline{AC}$。則點 C 就是我們要找的那個黃金分割點。它會使得 $\frac{\overline{AC}}{\overline{BC}} = \Phi = \frac{1+\sqrt{5}}{2}$。

現在，我們利用畢氏定理證明如下：

$$\overline{AB}^2 + \overline{BD}^2 = \overline{AD}^2。$$

所以，得到

$$\frac{5}{4}\overline{AB}^2 = (\overline{AE} + \overline{DE})^2 = (\overline{AC} + \frac{1}{2}\overline{AB})^2,$$

$$\frac{\sqrt{5}}{2}(\overline{AC} + \overline{BC}) = \frac{3}{2}\overline{AC} + \frac{1}{2}\overline{BC},$$

與

$$\frac{\sqrt{5}}{2}\left(\frac{\overline{AC}}{\overline{BC}} + 1\right) = \frac{3}{2}\frac{\overline{AC}}{\overline{BC}} + \frac{1}{2}。$$

因此，

$$\frac{\overline{AC}}{\overline{BC}} = \frac{\sqrt{5} - 1}{3 - \sqrt{5}} = \frac{1 + \sqrt{5}}{2}。$$

這說明了點 C 就是線段 AB 上的黃金分割點。

§5.4 斐波那契數列的一些性質

在上一節定理 5.3 裡，我們證明了斐波那契數列 $\{F_n\}$ 中，相鄰兩數的比值 $\frac{F_{n+1}}{F_n}$ 最終會逼近到著名的黃金比例。這是斐波那契數列一個很重要的性質。在本節裡，我們將再整理和敘述一些有關斐波那契數列的其他性質。

性質 5.4. $(F_n, F_{n+1}) = 1$ 對於所有的 $n \geq 1$，亦即，F_n 和 F_{n+1} 是互質的。符號 (F_n, F_{n+1}) 或 $\gcd(F_n, F_{n+1})$ 都表示 F_n 與 F_{n+1} 的最大公約數。

證明： 利用輾轉相除法，立即得到

$$(F_n, F_{n+1}) = (F_{n-1}, F_n) = \cdots = (F_1, F_2) = 1。 \qquad \square$$

§5.4 斐波那契數列的一些性質

性質 5.5. $F_1 + F_2 + F_3 + \cdots + F_n = F_{n+2} - 1$。

證明：

$$\sum_{k=1}^{n} F_k = \sum_{k=1}^{n}(F_{k+2} - F_{k+1}) = F_{n+2} - F_2 = F_{n+2} - 1 \text{。} \qquad \Box$$

性質 5.6. $F_1 + F_3 + F_5 + \cdots + F_{2n-1} = F_{2n}$。

證明： 因為 $F_1 = F_2$，所以

$$\sum_{k=1}^{n} F_{2k-1} = F_1 + \sum_{k=2}^{n}(F_{2k} - F_{2k-2}) = F_{2n} + F_1 - F_2 = F_{2n} \text{。} \qquad \Box$$

性質 5.7. $F_2 + F_4 + F_6 + \cdots + F_{2n} = F_{2n+1} - 1$。

證明：

$$\sum_{k=1}^{n} F_{2k} = \sum_{k=1}^{n}(F_{2k+1} - F_{2k-1}) = F_{2n+1} - F_1 = F_{2n+1} - 1 \text{。} \qquad \Box$$

性質 5.8. $F_1 + 2F_2 + 3F_3 + \cdots + nF_n = nF_{n+2} - F_{n+3} + 2$。

證明： 本性質可以由性質 5.5 得到如下：

$$\begin{aligned}\sum_{k=1}^{n} kF_k &= \sum_{k=1}^{n} k(F_{k+2} - F_{k+1}) \\ &= nF_{n+2} - F_{n+1} - F_n - \cdots - F_3 - F_2 \\ &= nF_{n+2} - (F_{n+1} + F_n + \cdots + F_3 + F_2 + F_1) + F_1 \\ &= nF_{n+2} - (F_{n+3} - 1) + 1 \\ &= nF_{n+2} - F_{n+3} + 2 \text{。}\end{aligned} \qquad \Box$$

性質 5.9. $F_1^2 + F_2^2 + F_3^2 + \cdots + F_n^2 = F_n F_{n+1}$。

證明：
$$\sum_{k=1}^{n} F_k^2 = F_1^2 + \sum_{k=2}^{n} F_k(F_{k+1} - F_{k-1})$$
$$= F_n F_{n+1} + F_1^2 - F_2 F_1$$
$$= F_n F_{n+1} \, \circ \qquad \square$$

性質 5.9 可以用來解釋為什麼斐波那契數列中，前 n 項的平方和可以拿來拼湊出一個近似的黃金矩形如圖 5-1，它的邊長分別為相鄰之兩斐波那契數 F_{n+1} 與 F_n。

性質 5.10. $F_m F_{n+1} + F_{m-1} F_n = F_{m+n}$，其中 $m, n \in \mathbb{N}$，$m \geq 2$。

證明： 固定 m，然後利用數學歸納法來證明此性質。當 $n = 1$，則
$$F_m F_{1+1} + F_{m-1} F_1 = F_m + F_{m-1} = F_{m+1} \, \circ$$
所以本性質成立。假設當 $n = k \geq 1$ 時，本性質也成立，亦即，
$$F_m F_{k+1} + F_{m-1} F_k = F_{m+k} \, \circ$$
現在考慮當 $n = k + 1$ 時，
$$F_m F_{k+1+1} + F_{m-1} F_{k+1} = F_m F_k + F_m F_{k+1} + F_{m-1} F_k + F_{m-1} F_{k-1}$$
$$= F_{m+k-1} + F_{m+k}$$
$$= F_{m+k+1} \, \circ$$
這就完成了本性質的證明。 $\square$

性質 5.11. $F_m F_n + F_{m-1} F_{n-1} = F_{m+n-1}$，其中 $m, n \geq 2$。

證明： 利用性質 5.10，代入 $m, n - 1$ 即可。 $\square$

性質 5.12. $F_{n-1}^2 + F_n^2 = F_{2n-1}$，$n \geq 2$。

§5.4 斐波那契數列的一些性質

證明： 利用性質 5.10，取 $m = n+1$ 即可。 □

性質 5.13.（卡西尼等式〔Cassini's identity〕） $F_{n-1}F_{n+1} - F_n^2 = (-1)^n$，$n \geq 2$。

證明： 用數學歸納法來證明此性質。當 $n = 2$，則
$$F_1 F_3 - F_2^2 = 2 - 1 = 1 = (-1)^2 \text{。}$$

假設當 $n = k \geq 2$ 時，本性質也成立，亦即，
$$F_{k-1}F_{k+1} - F_k^2 = (-1)^k \text{。}$$

現在考慮當 $n = k+1$ 時，
$$\begin{aligned}
F_k F_{k+2} - F_{k+1}^2 &= (F_{k+1} - F_{k-1})(F_{k+1} + F_k) - F_{k+1}^2 \\
&= -F_{k-1}F_{k+1} + (F_{k+1} - F_{k-1})F_k \\
&= (-1)^{k+1} - F_k^2 + F_k^2 \\
&= (-1)^{k+1} \text{。}
\end{aligned}$$

證明完畢。 □

另外，關於斐波那契數列我們還有一個很有意思的觀察。就是把斐波那契數列的遞迴關係式用矩陣的方式表現出來，也就是說，斐波那契數滿足底下的矩陣公式：

$$\begin{pmatrix} F_{n+1} & F_n \\ F_n & F_{n-1} \end{pmatrix} = \begin{pmatrix} 1 & 1 \\ 1 & 0 \end{pmatrix}^n, \quad n \geq 2 \text{。}$$

我們用數學歸納法來證明此矩陣公式。當 $n = 2$ 時，

$$\begin{pmatrix} F_3 & F_2 \\ F_2 & F_1 \end{pmatrix} = \begin{pmatrix} 2 & 1 \\ 1 & 1 \end{pmatrix} = \begin{pmatrix} 1 & 1 \\ 1 & 0 \end{pmatrix}^2 \text{。}$$

假設當 $n = k \geq 2$ 時，這個矩陣公式是成立的，亦即，

$$\begin{pmatrix} F_{k+1} & F_k \\ F_k & F_{k-1} \end{pmatrix} = \begin{pmatrix} 1 & 1 \\ 1 & 0 \end{pmatrix}^k。$$

現在我們檢驗當 $n = k+1$ 時的情形。

$$\begin{pmatrix} 1 & 1 \\ 1 & 0 \end{pmatrix}^{k+1} = \begin{pmatrix} 1 & 1 \\ 1 & 0 \end{pmatrix}^k \begin{pmatrix} 1 & 1 \\ 1 & 0 \end{pmatrix}$$

$$= \begin{pmatrix} F_{k+1} & F_k \\ F_k & F_{k-1} \end{pmatrix} \begin{pmatrix} 1 & 1 \\ 1 & 0 \end{pmatrix}$$

$$= \begin{pmatrix} F_{k+2} & F_{k+1} \\ F_{k+1} & F_k \end{pmatrix}。$$

所以，這個矩陣公式對任意正整數 $n \geq 2$ 都是成立的。

由這個矩陣公式，我們也馬上可以給卡西尼等式另外一個證明如下：

$$F_{n+1}F_{n-1} - F_n^2 = \begin{vmatrix} F_{n+1} & F_n \\ F_n & F_{n-1} \end{vmatrix} = \begin{vmatrix} 1 & 1 \\ 1 & 0 \end{vmatrix}^n = (-1)^n。$$

接著為了方便起見，我們令

$$Q = \begin{pmatrix} 1 & 1 \\ 1 & 0 \end{pmatrix}。$$

有了這些觀察，我們便可以再敘述幾個有趣的性質。

性質 5.14. $F_n | F_{kn}$，對於任意正整數 k, n 都成立。符號 $a|b$ 表示 a 整除 b。

證明： 利用上述之矩陣公式，可以得到

$$\begin{pmatrix} F_{kn+1} & F_{kn} \\ F_{kn} & F_{kn-1} \end{pmatrix} = Q^{kn} = (Q^n)^k = \begin{pmatrix} F_{n+1} & F_n \\ F_n & F_{n-1} \end{pmatrix}^k。$$

§5.4 斐波那契數列的一些性質

因此，很容易就可以從右邊矩陣的展開式看出來，左邊矩陣裡不在對角線上的項數都是 F_n 的倍數。所以，$F_n | F_{kn}$。 □

性質 5.15. (盧卡斯) $F_{\gcd(m,n)} = \gcd(F_m, F_n)$，對於任意正整數 m, n 都成立。

證明： 因為 $\gcd(m,n)$ 整除 m 和 n，由性質 5.14 可知 $F_{\gcd(m,n)} | F_m$ 和 $F_{\gcd(m,n)} | F_n$。因此，$F_{\gcd(m,n)} | \gcd(F_m, F_n)$。

另一方面，如果 $\gcd(F_m, F_n) = 1$，則 $\gcd(F_m, F_n) | F_{\gcd(m,n)}$ 是自然的結果。證明也就完畢。所以我們可以假設 $\gcd(F_m, F_n) > 1$。因此，$m, n \geq 2$。這個時候找兩個整數 a 和 b，使得 $am + bn = \gcd(m, n)$。注意到在整數 a 和 b 中可能會有一個小於零。不過因為矩陣 Q 是可逆的，所以不管在任何情形，我們都有

$$Q^{\gcd(m,n)} = (Q^m)^a (Q^n)^b。$$

由於二階可逆矩陣 M 的反矩陣 M^{-1} 有很清楚的公式

$$\begin{pmatrix} A & B \\ C & D \end{pmatrix}^{-1} = \frac{1}{AD - BC} \begin{pmatrix} D & -B \\ -C & A \end{pmatrix}，\text{如果 } M = \begin{pmatrix} A & B \\ C & D \end{pmatrix}。$$

所以，由卡西尼等式，我們便可以得到

$$\begin{pmatrix} F_{n+1} & F_n \\ F_n & F_{n-1} \end{pmatrix}^{-1} = \frac{1}{F_{n+1} F_{n-1} - F_n^2} \begin{pmatrix} F_{n-1} & -F_n \\ -F_n & F_{n+1} \end{pmatrix}$$

$$= (-1)^n \begin{pmatrix} F_{n-1} & -F_n \\ -F_n & F_{n+1} \end{pmatrix}。$$

所以，利用斐波那契數的矩陣公式，便可以得到

$$\begin{pmatrix} F_{\gcd(m,n)+1} & F_{\gcd(m,n)} \\ F_{\gcd(m,n)} & F_{\gcd(m,n)-1} \end{pmatrix} = \begin{pmatrix} F_{m+1} & F_m \\ F_m & F_{m-1} \end{pmatrix}^a \begin{pmatrix} F_{n+1} & F_n \\ F_n & F_{n-1} \end{pmatrix}^b。 \quad (5.1)$$

所以,不論在 a 和 b 中是否有一個小於零的整數,我們從以上的討論可以知道,在等式 (5.1) 右邊矩陣的展開式中,不在對角線上的項數,亦即 $F_{\gcd(m,n)}$,都是 F_m 和 F_n 的線性組合。因此,我們知道 $\gcd(F_m, F_n) | F_{\gcd(m,n)}$。也就是說,$F_{\gcd(m,n)} = \gcd(F_m, F_n)$。所以證明完畢。□

性質 5.16. 當 $n \geq 3$ 時,$F_n | F_m$ 若且唯若 $n | m$。

證明: 如果 $n | m$,則由性質 5.14 知道 $F_n | F_m$。反之,若 $F_n | F_m$,則 $\gcd(F_m, F_n) = F_n$。再由性質 5.15,得到 $F_n = F_{\gcd(m,n)}$。因為 $n \geq 3$,所以 $n = \gcd(m,n)$,也就是說,$n | m$。因此,證明完畢。□

在性質 5.16 裡,我們排除 $n = 1, 2$。因為,當 $n = 1$ 時,$F_1 = 1$。性質 5.16 自動成立,不需要證明。當 $n = 2$ 時,$F_2 = 1$。所以 $F_2 | F_m$,對於任意正整數 m 都成立。但是 2 不會整除奇數。因而本性質的敘述也不會成立。

§5.5 推論

在第 2 節裡,我們給出了斐波那契數列的一般解。原始的斐波那契數列和盧卡斯數列都是斐波那契數列中的一個數列,它們有同樣的遞迴關係式,只是前兩項的初始值是不一樣的。原始的斐波那契數列的前兩項初始值分別為 $F_1 = 1$ 和 $F_2 = 1$,盧卡斯數列則為 $L_1 = 1$ 和 $L_2 = 3$。不過,整體而言,斐波那契數列其實只是以線性遞迴關係式所定義出來之數列的一個特例。所以在這一節裡,我們要對一般以線性遞迴關係式所定義出來的數列做更進一步的討論。

定義 5.17. 我們說一個數列 $\{a_n\}_{n=1}^{\infty}$ 是以線性遞迴關係式定義出來,就是指存在一個正整數 $k \geq 2$ 和 k 個實數 $c_1, c_2, \cdots, c_k$ 滿足下列條

件：
$$a_n = c_1 a_{n-k} + c_2 a_{n-k+1} + \cdots + c_k a_{n-1}, \quad n \geq k+1。 \quad (5.2)$$

在這裡，我們不妨假設 $c_1 \neq 0$，否則便可以把問題考慮成 $k-1$ 個實數的情形。接下來，由於方程式 (5.2) 的右邊是線性的，所以我們也可以在所有滿足 (5.2) 的數列所形成的空間，記為 V，定義加法和純量的乘法如下：假設 $\{a_n\}$ 與 $\{b_n\}$ 為兩個屬於 V 的數列，定義

(i) $\{a_n\} + \{b_n\} = \{a_n + b_n\}$，

(ii) $\alpha \{a_n\} = \{\alpha a_n\}$，$\alpha$ 為一實數。

因此，V 形成一個佈於實數系的向量空間。又因為任何一個屬於 V 的數列 $\{a_n\}$，基本上是由其前 k 項所決定。因而我們也可以重複第 2 節裡的討論，把向量空間 V 裡的數列 $\{a_n\}$ 對應到 $\mathbb{R}^k$ 中由此數列前 k 項作為座標的點，如下：

$$\phi : V \to \mathbb{R}^k,$$
$$\{a_n\} \mapsto \phi(\{a_n\}) = (a_1, a_2, \cdots, a_k)。$$

因此，V 便和 $\mathbb{R}^k$ 有一個一對一且映成的對應。又由於 ϕ 是線性的，所以，作為向量空間，V 和 $\mathbb{R}^k$ 是同構的。

因此，如果我們能夠在 V 中找到 k 個很清楚的、線性獨立的向量，也就是一組基底，我們便能夠很清楚地把 V 中的數列表示出來。為了達到這個目的，如同在第 2 節裡，我們假設 V 中的一個數列 $\{a_n\}_{n=1}^{\infty}$ 同時也是一個等比數列，也就是說，$a_n = a_1 r^{n-1}$ ($r \neq 0$, $n \geq 1$)。並且假設 $a_1 \neq 0$。所以，由 (5.2) 我們得到

$$r^{n-1} = c_1 r^{n-k-1} + c_2 r^{n-k} + \cdots + c_k r^{n-2}, \quad n \geq k+1。$$

消去 r^{n-k-1} 之後，我們就看到公比 r 必須滿足下列方程式

$$r^k - c_k r^{k-1} - \cdots - c_2 r - c_1 = 0。 \quad (5.3)$$

我們一般都把 (5.3) 稱作此數列原遞迴關係式的特徵方程式。在這裡，我們必須注意到，由於假設 $c_1 \neq 0$，所以 $r \neq 0$。

方程式 (5.3) 是一個實係數的 k 次多項式。所以，接下來我們必須討論此多項式各種可能解的情形。

(i) k 個相異實數解。

也就是說，多項式 (5.3) 有 k 個實數解 r_i ($1 \leq i \leq k$)，滿足 $r_i \neq r_j$ 如果 $i \neq j$。因此，我們馬上得到 V 中 k 個數列 $\{r_i^{n-1}\}_{n=1}^{\infty}$，$1 \leq i \leq k$。而且這 k 個數列，經由以法國數學家范德蒙（Alexandre-Théophile Vandermonde，1735–1796）命名之范德蒙行列式

$$\begin{vmatrix} 1 & r_1 & r_1^2 & \cdots & r_1^{k-2} & r_1^{k-1} \\ 1 & r_2 & r_2^2 & \cdots & r_2^{k-2} & r_2^{k-1} \\ \vdots & \vdots & \vdots & \ddots & \vdots & \vdots \\ 1 & r_{k-1} & r_{k-1}^2 & \cdots & r_{k-1}^{k-2} & r_{k-1}^{k-1} \\ 1 & r_k & r_k^2 & \cdots & r_k^{k-2} & r_k^{k-1} \end{vmatrix} = \prod_{1 \leq i < j \leq k}(r_j - r_i) \neq 0,$$

可以知道它們是線性獨立的。所以在此情形之下，V 中任何一個數列都可以表示成

$$\{\alpha_1 r_1^{n-1} + \alpha_2 r_2^{n-1} + \cdots + \alpha_k r_k^{n-1}\}_{n=1}^{\infty},$$

其中 α_i ($1 \leq i \leq k$) 皆為實數。

例 5.18. 斐波那契數列就是屬於 (i) 的情形。

(ii) p 個相異實數解，$p < k$，但是至少有一個解的重數大於一。

所謂「解的重數」指的就是這個解出現的次數。因此 (ii) 表示多項式 (5.3) 有 p 個實數解 $r_i \neq 0$ ($1 \leq i \leq p$)，滿足 $r_i \neq r_j$ 如果 $i \neq j$，以及 $m_1 + m_2 + \cdots + m_p = k$，其中 m_i ($1 \leq i \leq p$) 為 r_i 的重數。所以在此情形至少有一個 $m_i > 1$。

§5.5 推論

首先，假設 r 是一個實數解且有重數 $m > 1$ 的情形。我們說底下 m 個數列

$$\{r^{n-1}\}_{n=1}^{\infty}, \{nr^{n-1}\}_{n=1}^{\infty}, \cdots, \{n^{m-1}r^{n-1}\}_{n=1}^{\infty}, \qquad (5.4)$$

都屬於 V，亦即，這 m 個數列都滿足遞迴關係式 (5.2)。原因如下：因為 r 是一個實數解，所以 r 是 (5.3)

$$x^k - c_k x^{k-1} - \cdots - c_2 x - c_1 = 0$$

的一個解。當然 $r \neq 0$ 也是下列多項式，把 (5.3) 乘上一個單項式 x^{n-k} ($n > k$)，的一個解且重數 m 不會變

$$x^n - c_k x^{n-1} - \cdots - c_2 x^{n-k+1} - c_1 x^{n-k} = 0 \text{。} \qquad (5.5)$$

又因為 r 的重數 $m > 1$，所以 r 也會是 (5.5) 微分之後多項式的解，亦即，r 也滿足下列方程式

$$nx^{n-1} - (n-1)c_k x^{n-2} - \cdots - (n-k+1)c_2 x^{n-k} - (n-k)c_1 x^{n-k-1} = 0 \text{。}$$

這就說明了數列 $\{nr^{n-1}\}_{n=1}^{\infty}$ 滿足遞迴關係式 (5.2)。因此，數列 $\{nr^{n-1}\}_{n=1}^{\infty}$ 在 V 裡面。由於重數 $m > 1$，所以，在重複同樣的步驟 $m-1$ 次之後，得到 (5.4) 中所列的 m 個數列都屬於 V。

接下來，我們必須說明 (5.4) 中，對於相異的實數解 $r_i \neq 0$ ($1 \leq i \leq p$) 所列總共 k 個數列

$$\{n^{l_1} r_1^{n-1}\}_{n=1}^{\infty}, \quad 0 \leq l_1 \leq m_1 - 1,$$
$$\vdots$$
$$\{n^{l_p} r_p^{n-1}\}_{n=1}^{\infty}, \quad 0 \leq l_r < m_r - 1,$$

是線性獨立的。也就是說，我們必須證明下列的行列式不為零：

$$\begin{vmatrix} 1 & r_1 & r_1^2 & \cdots & r_1^{k-2} & r_1^{k-1} \\ \vdots & \vdots & \vdots & \ddots & \vdots & \vdots \\ 1 & 2^{m_1-1}r_1 & 3^{m_1-1}r_1^2 & \cdots & (k-1)^{m_1-1}r_1^{k-2} & k^{m_1-1}r_1^{k-1} \\ \vdots & \vdots & \vdots & \ddots & \vdots & \vdots \\ 1 & r_j & r_j^2 & \cdots & r_j^{k-2} & r_j^{k-1} \\ \vdots & \vdots & \vdots & \ddots & \vdots & \vdots \\ 1 & 2^{m_j-1}r_j & 3^{m_j-1}r_j^2 & \cdots & (k-1)^{m_j-1}r_j^{k-2} & k^{m_j-1}r_j^{k-1} \\ \vdots & \vdots & \vdots & \ddots & \vdots & \vdots \\ 1 & r_p & r_p^2 & \cdots & r_p^{k-2} & r_p^{k-1} \\ \vdots & \vdots & \vdots & \ddots & \vdots & \vdots \\ 1 & 2^{m_p-1}r_p & 3^{m_p-1}r_p^2 & \cdots & (k-1)^{m_p-1}r_p^{k-2} & k^{m_p-1}r_p^{k-1} \end{vmatrix} \neq 0 \, , \quad (5.6)$$

其中 $1 \leq j \leq p$。

證明： 我們利用歸納法。當 $k = 2$ 時，只有兩種情形：$r_1 \neq 0$ 且 $m_1 = 2$，或 $r_1 r_2 \neq 0$、$r_1 \neq r_2$ 且 $m_1 = m_2 = 1$。所以 (5.6) 會成為

$$\begin{vmatrix} 1 & r_1 \\ 1 & 2r_1 \end{vmatrix} = r_1 \neq 0 \, , \text{或} \begin{vmatrix} 1 & r_1 \\ 1 & r_2 \end{vmatrix} = r_2 - r_1 \neq 0 \, \text{。}$$

所以我們假設，當 $k - 1 \geq 2$ 時，(5.6) 是成立的。現在考慮有 k 個解的情形。為了方便起見，我們可以假設 $m_1 \leq m_2 \leq \cdots \leq m_p$。

情形（一）：$m_1 = 1$。考慮函數

$$V(t) = \begin{vmatrix} 1 & t & t^2 & \cdots & t^{k-2} & t^{k-1} \\ 1 & r_2 & r_2^2 & \cdots & r_2^{k-2} & r_2^{k-1} \\ \vdots & \vdots & \vdots & \ddots & \vdots & \vdots \\ 1 & 2^{m_2-1}r_2 & 3^{m_2-1}r_2^2 & \cdots & (k-1)^{m_2-1}r_2^{k-2} & k^{m_2-1}r_2^{k-1} \\ \vdots & \vdots & \vdots & \ddots & \vdots & \vdots \\ 1 & r_j & r_j^2 & \cdots & r_j^{k-2} & r_j^{k-1} \\ \vdots & \vdots & \vdots & \ddots & \vdots & \vdots \\ 1 & 2^{m_j-1}r_j & 3^{m_j-1}r_j^2 & \cdots & (k-1)^{m_j-1}r_j^{k-2} & k^{m_j-1}r_j^{k-1} \\ \vdots & \vdots & \vdots & \ddots & \vdots & \vdots \\ 1 & r_p & r_p^2 & \cdots & r_p^{k-2} & r_p^{k-1} \\ \vdots & \vdots & \vdots & \ddots & \vdots & \vdots \\ 1 & 2^{m_p-1}r_p & 3^{m_p-1}r_p^2 & \cdots & (k-1)^{m_p-1}r_p^{k-2} & k^{m_p-1}r_p^{k-1} \end{vmatrix} ,$$

§5.5 推論

同時定義算子 D 如下：
$$Df(t) = \frac{d}{dt}(tf(t)) \text{。}$$

函數 $V(t)$ 是一個 t 的 $k-1$ 次多項式，依據歸納法假設，它的領導係數是不為零的。另外，經由簡單的運算，就可以得到，當 $\beta \in \mathbb{N}$ 時，

$$D^\beta V(t) = \begin{vmatrix} 1 & 2^\beta t & 3^\beta t^2 & \cdots & (k-1)^\beta t^{k-2} & k^\beta t^{k-1} \\ 1 & r_2 & r_2^2 & \cdots & r_2^{k-2} & r_2^{k-1} \\ \vdots & \vdots & \vdots & \ddots & \vdots & \vdots \\ 1 & 2^{m_2-1}r_2 & 3^{m_2-1}r_2^2 & \cdots & (k-1)^{m_2-1}r_2^{k-2} & k^{m_2-1}r_2^{k-1} \\ \vdots & \vdots & \vdots & \ddots & \vdots & \vdots \\ 1 & r_j & r_j^2 & \cdots & r_j^{k-2} & r_j^{k-1} \\ \vdots & \vdots & \vdots & \ddots & \vdots & \vdots \\ 1 & 2^{m_j-1}r_j & 3^{m_j-1}r_j^2 & \cdots & (k-1)^{m_j-1}r_j^{k-2} & k^{m_j-1}r_j^{k-1} \\ \vdots & \vdots & \vdots & \ddots & \vdots & \vdots \\ 1 & r_p & r_p^2 & \cdots & r_p^{k-2} & r_p^{k-1} \\ \vdots & \vdots & \vdots & \ddots & \vdots & \vdots \\ 1 & 2^{m_p-1}r_p & 3^{m_p-1}r_p^2 & \cdots & (k-1)^{m_p-1}r_p^{k-2} & k^{m_p-1}r_p^{k-1} \end{vmatrix} \text{。}$$

現在我們討論 r_2 的情形。首先，我們有

$$D^\beta(V(t))\Big|_{t=r_2} = 0 \text{，當 } 0 \leq \beta \leq m_2 - 1 \text{。}$$

這是因為在行列式中有兩列是相同的。又因為 $r_2 \neq 0$，這表示 r_2 是 $V(t) = 0$ 的解且其重數是 m_2。我們說明如下：首先，可以把 $V(t)$ 寫成 $V(t) = (t - r_2)G_1(t)$。接著，

$$\begin{aligned} 0 = D(V(t))\Big|_{t=r_2} &= \frac{d}{dt}(tV(t))\Big|_{t=r_2} \\ &= \frac{d}{dt}(t(t-r_2)G_1(t))\Big|_{t=r_2} \\ &= tG_1(t)\Big|_{t=r_2} \\ &= r_2 G_1(r_2) \text{。} \end{aligned}$$

所以，$G_1(r_2) = 0$。因此，得知 $G_1(t) = (t-r_2)G_2(t)$ 和 $V(t) = (t-r_2)^2 G_2(t)$。如果 $2 < m_2$，我們只要注意到 $t-r_2$ 已經在 $V(t)$ 中出現了兩次，就可以再重複以上的討論，得到

$$0 = D^2(V(t))\bigg|_{t=r_2} = t^2 G_2(t)\frac{d^2}{dt^2}(t-r_2)^2\bigg|_{t=r_2} = 2r_2^2 G_2(r_2)。$$

所以，$G_2(r_2) = 0$。因此，得知 $G_2(t) = (t-r_2)G_3(t)$ 和 $V(t) = (t-r_2)^3 G_3(t)$。

這樣的運算可以重複 $m_2 - 1$ 次。所以我們可以得到

$$V(t) = (t-r_2)^{m_2} V_2(t)。$$

接下來的說明就簡單多了。我們把同樣的討論應用到 r_3 上。就會發現 $(t-r_3)^{m_3}$ 也是 $V(t)$ 的因式。但是，由於 $r_2 \neq r_3$，所以 $(t-r_3)^{m_3}$ 必須是 $V_2(t)$ 的因式。這說明了

$$V(t) = (t-r_2)^{m_2}(t-r_3)^{m_3} V_3(t)。$$

因此，重複地把同樣的討論應用到 $r_4, \cdots, r_p$ 上，就得到

$$V(t) = (t-r_2)^{m_2}(t-r_3)^{m_3} \cdots (t-r_p)^{m_p} V_p(t)。$$

由於 $V(t)$ 是一個 $k-1$ 次的多項式，且 $m_2 + m_3 + \cdots + m_p = k-1$，得知 $V_p(t) = C \neq 0$，一個非零的常數。最後，得到

$$V(r_1) = C(r_1-r_2)^{m_2}(r_1-r_3)^{m_3} \cdots (r_1-r_p)^{m_p} \neq 0。$$

如此，便完成了 (5.6) 在情形（一）的證明。

§5.5 推論

情形（二）：$m_1 > 1$。在此情形我們定義 $V(t)$ 如下：

$$V(t) = \begin{vmatrix} 1 & t & t^2 & \cdots & t^{k-2} & t^{k-1} \\ 1 & r_1 & r_1^2 & \cdots & r_1^{k-2} & r_1^{k-1} \\ \vdots & \vdots & \vdots & \ddots & \vdots & \vdots \\ 1 & 2^{m_1-2}r_1 & 3^{m_1-2}r_1^2 & \cdots & (k-1)^{m_1-2}r_1^{k-2} & k^{m_1-2}r_1^{k-1} \\ 1 & r_2 & r_2^2 & \cdots & r_2^{k-2} & r_2^{k-1} \\ \vdots & \vdots & \vdots & \ddots & \vdots & \vdots \\ 1 & 2^{m_2-1}r_2 & 3^{m_2-1}r_2^2 & \cdots & (k-1)^{m_2-1}r_2^{k-2} & k^{m_2-1}r_2^{k-1} \\ \vdots & \vdots & \vdots & \ddots & \vdots & \vdots \\ 1 & r_p & r_p^2 & \cdots & r_p^{k-2} & r_p^{k-1} \\ \vdots & \vdots & \vdots & \ddots & \vdots & \vdots \\ 1 & 2^{m_p-1}r_p & 3^{m_p-1}r_p^2 & \cdots & (k-1)^{m_p-1}r_p^{k-2} & k^{m_p-1}r_p^{k-1} \end{vmatrix},$$

因此，$V(t)$ 是一個 t 的 $k-1$ 次多項式，且它的領導係數是不為零的。

所以在重複情形（一）的討論之下，我們就可以得到

$$V(t) = C(t-r_1)^{m_1-1}(t-r_2)^{m_2}\cdots(t-r_p)^{m_p},$$

其中 $C \neq 0$。由此，(5.6) 的左邊就可以寫成

$$\begin{aligned}
&(-1)^{m_1-1}D^{m_1-1}V(t)\Big|_{t=r_1} \\
&= (-1)^{m_1-1}Ct^{m_1-1}(t-r_2)^{m_2}\cdots(t-r_p)^{m_p}\frac{d^{m_1-1}}{dt^{m_1-1}}(t-r_1)^{m_1-1}\Big|_{t=r_1} \\
&= (-1)^{m_1-1}C(m_1-1)!\,r_1^{m_1-1}(r_1-r_2)^{m_2}\cdots(r_1-r_p)^{m_p} \\
&\neq 0 \,。
\end{aligned}$$

符號 $m! = m(m-1)\cdots 3\cdot 2\cdot 1$ 表示正整數 m 的階乘。因此，(5.6) 在情形（二）的證明也就完成了。 □

所以在 (ii) 的情形之下，V 中任何一個數列都可以表示成

$$\{u_{11}\mu_1^{n-1}|\cdots|u_{1m_1}n^{m_1-1}\mu_1^{n-1}|\cdots|u_{p1}\mu_p^{n-1}|\cdots|u_{pm_p}n^{m_p-1}\mu_p^{n-1}\}_{n=1}^{\infty},$$

其中 α_{ij} 都是實數。

例 5.19. 考慮數列 $\{a_n\}_{n=1}^{\infty}$ 滿足 $a_n = 4a_{n-3} - 8a_{n-2} + 5a_{n-1}$，$n \geq 4$。所以特徵方程式為

$$x^3 - 5x^2 + 8x - 4 = (x-1)(x-2)^2 = 0。$$

因此特徵方程式有兩個相異實數解 1 和 2，其中解 2 的重數為 2。所以此數列的一般表示式為

$$\{\alpha + \beta 2^{n-1} + \gamma n 2^{n-1}\}_{n=1}^{\infty},$$

其中 α, β, γ 都是實數。

(iii) 特徵方程式 (5.3) 有複數解。

首先，由代數基本定理知道，多項式在複數裡一定有解。又因為特徵方程式是一個實係數的多項式，所以其複數解會成對出現。如果 $A + iB$（A, B 為實數，$B \neq 0$）為特徵方程式的一個解，那麼其共軛複數 $A - iB$（$B \neq 0$）也會是一個解。因此，在這個時候特徵方程式可以分解成

$$\prod_{d=1}^{p}(x - r_d)^{m_d} \prod_{j=1}^{q}(x - (A_j + iB_j))^{l_j}(x - (A_j - iB_j))^{l_j} = 0,$$

其中

$$m_1 + \cdots + m_p + 2l_1 + \cdots + 2l_q = k,$$

且 r_d ($1 \leq d \leq p$) 為相異實數解，m_d 則為 r_d 的重數。另外，A_j, B_j ($1 \leq j \leq q$) 也是實數，l_j 則為 $A_j + iB_j$ 和 $A_j - iB_j$ 的重數。$A_j + iB_j$ ($1 \leq j \leq q$) 為相異複數解。

所以，由於情形 (ii) 的討論也適用於複數，我們可以找到 k 個

§5.5 推論

線性獨立的數列如下:

$$\{n^{s_1}r_1^{n-1}\}_{n=1}^{\infty}, \quad 0 \le s_1 \le m_1 - 1,$$
$$\vdots$$
$$\{n^{s_p}r_p^{n-1}\}_{n=1}^{\infty}, \quad 0 \le s_p \le m_p - 1,$$
$$\{n^{t_1}(A_1 + iB_1)^{n-1}\}_{n=1}^{\infty}, \quad 0 \le t_1 \le l_1 - 1,$$
$$\{n^{t_1}(A_1 - iB_1)^{n-1}\}_{n=1}^{\infty}, \quad 0 \le t_1 \le l_1 - 1,$$
$$\vdots$$
$$\{n^{t_q}(A_q + iB_q)^{n-1}\}_{n=1}^{\infty}, \quad 0 \le t_q \le l_q - 1,$$
$$\{n^{t_q}(A_q - iB_q)^{n-1}\}_{n=1}^{\infty}, \quad 0 \le t_q \le l_q - 1。$$

由於現在是在討論實數數列,我們不希望有複數數列出現。幸好特徵方程式是一個實係數的多項式,這個問題可以很容易解決。也就是說,如果一個複數數列滿足 (5.2) 的遞迴關係式,那麼它的實部和虛部所形成的數列也都會滿足 (5.2) 的遞迴關係式。只是 $(A_j + iB_j)^{n-1}$ 的實部和虛部並不容易寫出來。所以,我們先經由極座標,再透過歐拉公式

$$e^{i\theta} = \cos\theta + i\sin\theta, \quad \theta \text{ 為一實數},$$

就可以把 $A_j + iB_j$ 寫成

$$A_j + iB_j = \sqrt{A_j^2 + B_j^2}\left(\frac{A_j}{\sqrt{A_j^2 + B_j^2}} + i\frac{B_j}{\sqrt{A_j^2 + B_j^2}}\right)$$
$$= \rho_j(\cos\theta_j + i\sin\theta_j)$$
$$= \rho_j e^{i\theta_j},$$

其中 $\rho_j = \sqrt{A_j^2 + B_j^2} > 0$,$\theta_j$ 為一實數滿足

$$\cos\theta_j = \frac{A_j}{\sqrt{A_j^2 + B_j^2}}, \quad \sin\theta_j = \frac{B_j}{\sqrt{A_j^2 + B_j^2}},$$

$1 \leq j \leq q$。因此,就可以得到

$$(A_j+iB_j)^{n-1} = (\rho_j e^{i\theta_j})^{n-1} = \rho_j^{n-1}(\cos((n-1)\theta_j)+i\sin((n-1)\theta_j)),$$

亦即,可以很清楚地把 $(A_j + iB_j)^{n-1}$ 的實部和虛部寫出來

$$\Re(A_j + iB_j)^{n-1} = \rho_j^{n-1}\cos((n-1)\theta_j),$$
$$\Im(A_j + iB_j)^{n-1} = \rho_j^{n-1}\sin((n-1)\theta_j)。$$

由此,我們便可以得到 V 中 k 個線性獨立的實數數列如下:

$$\{n^{s_1}r_1^{n-1}\}_{n=1}^{\infty}, \quad 0 \leq s_1 \leq m_1 - 1,$$
$$\vdots$$
$$\{n^{s_p}r_p^{n-1}\}_{n=1}^{\infty}, \quad 0 \leq s_p \leq m_p - 1,$$
$$\{n^{t_1}\rho_1^{n-1}\cos((n-1)\theta_1)\}_{n=1}^{\infty}, \quad 0 \leq t_1 \leq l_1 - 1,$$
$$\{n^{t_1}\rho_1^{n-1}\sin((n-1)\theta_1)\}_{n=1}^{\infty}, \quad 0 \leq t_1 \leq l_1 - 1,$$
$$\vdots$$
$$\{n^{t_q}\rho_q^{n-1}\cos((n-1)\theta_q)\}_{n=1}^{\infty}, \quad 0 \leq t_q \leq l_q - 1,$$
$$\{n^{t_q}\rho_q^{n-1}\sin((n-1)\theta_q)\}_{n=1}^{\infty}, \quad 0 \leq t_q \leq l_q - 1。$$

最後 V 中的任何一個數列就可以用這 k 個線性獨立的實數數列的線性組合表現出來。

例 5.20. 考慮數列 $\{a_n\}_{n=1}^{\infty}$ 滿足 $a_n = 2a_{n-5} - 5a_{n-4} + 8a_{n-3} - 7a_{n-2} + 4a_{n-1}$,$n \geq 6$。所以特徵方程式為

$$x^5 - 4x^4 + 7x^3 - 8x^2 + 5x - 2 = (x-2)(x^2 - x + 1)^2 = 0。$$

因此特徵方程式的解為 2、$\frac{1}{2} + i\frac{\sqrt{3}}{2}$ 和 $\frac{1}{2} - i\frac{\sqrt{3}}{2}$,其中共軛複數解的

§5.5 推論

重數為 2。因為

$$\left(\frac{1}{2}+i\frac{\sqrt{3}}{2}\right)^{n-1} = \left(\cos\frac{\pi}{3}+i\sin\frac{\pi}{3}\right)^{n-1}$$
$$= (e^{\frac{\pi}{3}i})^{n-1} = e^{(n-1)\frac{\pi}{3}i}$$
$$= \cos\frac{(n-1)\pi}{3}+i\sin\frac{(n-1)\pi}{3},$$

所以此數列的一般解可以表示成

$$\left\{\alpha 2^{n-1}+\beta_1\cos\theta_n+\gamma_1\sin\theta_n+\beta_2 n\cos\theta_n+\gamma_2 n\sin\theta_n\right\}_{n=1}^{\infty},$$

其中 $\theta_n = \frac{(n-1)\pi}{3}$ 而 $\alpha, \beta_i, \gamma_i$ $(i=1,2)$ 皆為實數。

綜合以上的討論,我們就可以把任意由線性遞迴關係式所定義的數列很清楚地寫出來。

第 6 章
線段與正方形,孰大?孰小?

§6.1 基數的定義

在兩個類似的幾何物體或圖形的群組之間,我們常會去比較它們的大小。這裡所謂的「大小」通常指的是其中個數的多寡。

同樣的問題也時常出現在數學裡。例如,給定兩個集合 A 與 B,我們也會想知道,集合 A 與 B 之間,哪一個集合有較多的元素?如果這兩個集合裡面都只包含了有限多個元素,這個問題就很容易回答,只要數一數集合中元素的個數即可。如果一個集合 A 包含了有限多個元素,另一個集合 B 卻有無窮多個元素,這個問題也相對簡單,很明顯地,集合 B 有較多的元素。但是,當兩個集合都包含有無窮多個元素的時候,我們如何去判斷哪一個集合有較多的元素?

德國的數學家康托爾(Georg Cantor,1845–1918)曾經對無窮的概念做相當深入的研究與探討。在這裡,我們先定義集合論裡所謂的基數(cardinality)。

定義 6.1. 一個集合 S 裡元素的個數,我們稱之為這個集合的基數,記為 card(S) 或 #S 或 $|S|$。

顧名思義，一個集合的基數就是代表這個集合裡面元素的多寡，或者說是這個集合的大小。例如，若集合 $S = \{2, 4, 6, 8, 10\}$，則 S 有五個元素，記為 $\text{card}(S) = 5$。因此，當給定兩個集合 A 與 B 時，透過基數的概念，我們便可以比較它們之間的大小。若集合 A 與 B 的基數都是有限時，如上所述，我們只要個別數一數便可以了。但是當集合裡的元素是無窮多個的時候，我們就必須用其他的方法來討論集合之間的基數或大小。所以在此我們給予數學上關於判別基數大小的定義。

定義 6.2. 給定兩個集合 A 與 B。如果存在一個從 A 到 B 的一對一且映成的函數，或一對一的對應關係，我們便說集合 A 與 B 有相同的基數，或者說集合 A 與 B 是等勢的(equipotent)，記為 $\text{card}(A) = \text{card}(B)$。如果存在一個從 A 到 B 的一對一函數，我們則說集合 A 的基數小於或等於集合 B 的基數，記為 $\text{card}(A) \leq \text{card}(B)$。

數學上，我們稱函數 $f : A \to B$ 為一個一對一函數，假如 $f(x) \neq f(y)$ 對所有的 $x, y \in A$ 滿足 $x \neq y$ 時都成立，或者是說，若 $f(x) = f(y)$ 則 $x = y$。另外，如果對於任意 $y \in B$，都存在 $x \in A$，使得 $f(x) = y$，我們便說 f 為一個映成函數。符號 $\text{Im}(f)$ 則代表函數 f 的值域或影像集，亦即，$\text{Im}(f) = \{f(x) \mid x \in A\}$，此為 B 的一個子集合。

底下，我們看一些例子。

例 6.3. 若 $A = \{1, 2, 3\}$，$B = \{w, x, y, z\}$，則 $\text{card}(A) = 3 < 4 = \text{card}(B)$。

例 6.4. 若 A 為 B 的一個子集合，則 $\text{card}(A) \leq \text{card}(B)$。

例 6.5. 正整數 $\mathbb{N}$ 的基數為無窮大。又由於正整數是可以一個一個數的，所以我們說正整數 $\mathbb{N}$ 的集合是可數的。有時候我們也稱有限集

§6.1 基數的定義

合為可數的。任何集合 S 若和 $\mathbb{N}$ 有相同的基數，例如 S 為所有正偶數所形成的集合，我們都稱它為可數的。若一個無窮集合 S 的基數大於 $\mathbb{N}$ 的基數，我們便說 S 是不可數的。

接著，我們證明底下的定理。它也提供了一個很重要的例子。

定理 6.6. 一個無窮可數集合 S 的任意子集合也是可數的。

證明： 首先，我們可以假設此子集合 $E \subset S$ 也是一個無窮的集合。因為集合 S 是可數的，所以可以把 S 寫成 $S = \{x_1, x_2, \cdots, x_k, \cdots\}$。令 n_1 為最小的正整數，使得 $x_{n_1} \in E$。接著，利用遞迴的方式，若 $x_{n_1}, x_{n_2}, \cdots, x_{n_p}$ 已經選取且 $n_1 < n_2 < \cdots < n_p$，令 n_{p+1} 為最小的正整數滿足 $n_{p+1} > n_p$ 且 $x_{n_{p+1}} \in E$。因為 E 是一個無窮的集合，這個步驟可以一直延續下去。如此便可以構造出一個自 $\mathbb{N}$ 到 E 的一對一且映成的函數 φ，$\varphi(k) = x_{n_k}$，對任意 $k \in \mathbb{N}$ 都成立。所以 E 也是可數的。 □

例 6.7. 在實數系 $\mathbb{R}$ 裡，符號 (a,b)、$[a,b]$ 與 $[a,b)$ 分別代表區間 $\{x \in \mathbb{R} \mid a < x < b\}$、$\{x \in \mathbb{R} \mid a \leq x \leq b\}$ 與 $\{x \in \mathbb{R} \mid a \leq x < b\}$。考慮函數 $f : (0,1) \to \mathbb{R}$，$f(x) = \tan(\pi x - \frac{\pi}{2})$。因為正切函數的性質，$f$ 為一個一對一且映成的函數，所以集合 $(0,1)$ 和 $\mathbb{R}$ 有相同的基數，亦即，$\mathrm{card}((0,1)) = \mathrm{card}(\mathbb{R})$。比較不明顯的情形是 $\mathbb{R}$ 或 $(0,1)$ 的基數遠大於正整數 $\mathbb{N}$ 的基數。

例 6.8. $\mathrm{card}(\mathbb{R}) > \mathrm{card}(\mathbb{N})$。

由例 6.7 得知，我們只要能說明 $\mathrm{card}((0,1)) > \mathrm{card}(\mathbb{N})$ 就可以了。底下，我們用反證法來推論這個命題。假設 $\mathrm{card}((0,1)) = \mathrm{card}(\mathbb{N})$，亦即，集合 $(0,1)$ 是可以數的。所以，多加一點集合 $[0,1)$ 也是可以數的。因此，由定理 6.6 得知集合 $[0,1)$ 的任意無窮子集合也是可以數的。現在，基於論證的目的，我們考慮一個 $[0,1)$ 的無窮

子集合

$$E = \{x \in [0,1) \mid x = 0.a_1a_2a_3\cdots, a_i = 0 \text{ 或 } 1 \text{ 對於所有 } i \in \mathbb{N}\}。$$

所以，由假設與定理 6.6 知道，E 是可以數的。因此可以把 E 寫成 $E = \{x_1, x_2, x_3, \cdots\}$。同時，把 E 中的點 x_i 再用無窮小數的形式表現出來如下：

$$x_1 = 0.a_{11}a_{12}a_{13}\cdots$$
$$x_2 = 0.a_{21}a_{22}a_{23}\cdots$$
$$x_3 = 0.a_{31}a_{32}a_{33}\cdots$$
$$\vdots$$
$$x_k = 0.a_{k1}a_{k2}a_{k3}\cdots$$
$$\vdots$$

其中 a_{ij} 為 0 或 1，對任意 $i,j \in \mathbb{N}$ 都成立。現在，我們利用康托爾對角線論述法，重新構造一個數如下：

$$x = 0.b_1b_2b_3\cdots,$$

其中，$b_k = 0$ 如果 $a_{kk} = 1$，$b_k = 1$ 如果 $a_{kk} = 0$，對於任意 $k \in \mathbb{N}$ 都成立。很明顯地，由 E 的定義知道 $x \in E$。但是，另一方面，由 x 的構造方式也很清楚可以看出來，因為 $b_k \neq a_{kk}$，所以 $x \neq x_k$ 對於所有的 $k \in \mathbb{N}$ 都成立，亦即，$x \notin E$。這是一個矛盾。由此推得先前的假設 $\text{card}((0,1)) = \text{card}(\mathbb{N})$ 是錯的。這也表示 $\text{card}((0,1)) > \text{card}(\mathbb{N})$。

§6.2　集合的等勢

在本章裡，我們主要是想探討實數系 $\mathbb{R}$ 上的閉區間 $[0,1]$ 與平面 $\mathbb{R}^2$ 上的正方形 $[0,1] \times [0,1]$ 彼此之間基數大小的關係。直覺上

§6.2 集合的等勢

而言，這並不是一個很容易回答的問題。幸好有德國數學家康托爾、伯恩斯坦（Felix Bernstein，1878–1956）、施洛德（Ernst Schröder，1841–1902）等人的研究貢獻，我們在集合論上才有比較清晰的脈絡可循。底下我們來敘述並證明這樣的一個定理。

定理 6.9.（康托爾–伯恩斯坦–施洛德定理） 假設 A 與 B 為給定的兩個集合。若存在一個一對一的函數 $f: A \to B$ 與一個一對一的函數 $g: B \to A$，則集合 A 與 B 有相同的基數，$\mathrm{card}(A) = \mathrm{card}(B)$，亦即，集合 A 與 B 是等勢的。

證明： 首先，為了方便起見，我們可以假設 $A \cap B = \emptyset$。如果不是的話，可以利用序對的方式，把 A 換成 $\{(a, 0) \mid a \in A\}$，同時，把 B 也換成 $\{(b, 1) \mid b \in B\}$，就可以了。

接著，我們把集合 A 與 B 中的元素視為點，利用這些點和遞迴的方式來定義具有下列性質的點列 $\{y_k\}_{k=1}^{\infty}$：

(i) $y_1 \in B \setminus \mathrm{Im}(f)$，$y_2 = g(y_1) \in A$，
(ii) $y_{2m+1} = f(y_{2m}) \in B$，$y_{2m+2} = g(y_{2m+1}) \in A$，對所有 $m \geq 1$。

也就是說，這些點列是由集合 $B \setminus \mathrm{Im}(f)$ 中的點，透過映射 g 和 f 來生成的。很明顯地，點列中的奇數項是屬於集合 B，偶數項是屬於集合 A。如果碰巧 $B = \mathrm{Im}(f)$，則 f 便已經是一個從 A 到 B 的一對一且映成的函數，這樣定理就自動成立了。

有了這些點列，我們便可以定義集合 A 中的一個子集合 S 如下：

$$S = \{x \in A \mid x \text{ 為某一個點列} \{y_k\}_{k=1}^{\infty} \text{中的一項}\}.$$

注意到，當 $x \in S$ 時，$x = y_{2m}$（其中 $m \geq 1$）。所以，$x = y_{2m} = g(y_{2m-1}) \in \mathrm{Im}(g)$。也因此得到下面的關係 $S \subset \mathrm{Im}(g) \subset A$。

現在，利用集合 S，我們定義一個函數 $h: A \to B$ 如下：

$$h(x) = \begin{cases} f(x), & \text{如果 } x \in A \setminus S, \\ g^{-1}(x), & \text{如果 } x \in S \text{。} \end{cases}$$

其中 g^{-1} 為 g 的反函數。因為 g 是一對一函數，所以在集合 S 上 g 的反函數 g^{-1} 是存在的。接下來，我們的目標就是證明 h 是一個一對一且映成的函數。如此，也同時完成了定理 6.9 的證明。

h 是一個一對一函數。首先，如果 $x_1 \neq x_2$ 且 $x_1, x_2 \in A \setminus S$ 或 $x_1, x_2 \in S$，則由函數 f 和 g 的一對一性質馬上可以得到 $h(x_1) \neq h(x_2)$。最後，當 $x_1 \in A \setminus S$ 且 $x_2 \in S$ 時，我們假設 $h(x_1) = h(x_2)$，也就是 $f(x_1) = g^{-1}(x_2)$。由此可得 $g(f(x_1)) = g(g^{-1}(x_2)) = x_2$ 為某一個點列 $\{y_k\}_{k=1}^{\infty}$ 中的一項，亦即，$x_2 = y_{2m}$（其中 $m \in \mathbb{N}$）。特別注意到此時 $m \geq 2$，不能等於 1。也正因為 $m \geq 2$，x_1 和 x_2 必須屬於同一個點列，且 $x_1 = y_{2m-2} \in S$。這和假設 $x_1 \in A \setminus S$ 是互相矛盾的。所以，當 $x_1 \in A \setminus S$ 且 $x_2 \in S$ 時，我們仍然得到 $h(x_1) \neq h(x_2)$。這說明了 h 是一個一對一函數。

h 是一個映成函數。對於任意一個 $y \in B$，我們必須找到一個 $x \in A$，使得 $h(x) = y$。所以考慮底下兩種情形：

(i) $g(y) \in S$。令 $x = g(y)$，則 $h(x) = g^{-1}(x) = g^{-1}(g(y)) = y$。

(ii) $g(y) \notin S$。因此，$y \in \text{Im}(f)$。因為如果 $y \in B \setminus \text{Im}(f)$，則 $y = y_1$ 會生成一個點列 $\{y_k\}_{k=1}^{\infty}$。同時，由 S 的定義得知 $g(y) = g(y_1) = y_2 \in S$。這是一個矛盾。所以，$y \in \text{Im}(f)$，亦即，存在一個 $x \in A$，使得 $y = f(x)$。這個時候 $x \notin S$。因為如果 $x \in S$，x 便可以寫成某一個點列 $\{y_k\}_{k=1}^{\infty}$ 中的一項，亦即，$x = y_{2m}$（其中 $m \geq 1$）。因此，

$$g(y) = g(f(x)) = g(f(y_{2m})) = y_{2m+2} \in S \text{。}$$

這也和假設 $g(y) \notin S$ 互相矛盾。所以，$x \notin S$。最後，再由函

§6.3 填滿正方形之曲線　　　　　　　　　　　　　　　　93

數 h 的定義得知，當 $x \in A \setminus S$ 時，$h(x) = f(x) = y$，便完成了 h 是一個映成函數的證明。定理 6.9 也同時證明完畢。　　□

定理 6.9 是一個非常有用的論證。我們也將利用此定理來說明線段與正方形是等勢的。因此，我們必須分別構造出一個自線段到正方形的一對一映射和一個自正方形到線段的一對一映射。我們將取 $\mathbb{R}$ 上的閉區間 $[0,1]$ 代表一線段。至於正方形則以平面 $\mathbb{R}^2$ 上的區間 $[0,1] \times [0,1]$（單位正方形）作代表。

一個一對一映射 $f : [0,1] \to [0,1] \times [0,1]$ 可以很容易得到，例如，可以設 $f(t) = (t,0) \in [0,1] \times [0,1]$，對於所有的 $t \in [0,1]$。至於要構造出一個自 $[0,1] \times [0,1]$ 到 $[0,1]$ 的一對一函數，則不是那麼的明顯。在下一節中，我們將透過對填滿單位正方形之曲線的瞭解，來達到此目的。

§6.3　填滿正方形之曲線

在數學上，曲線是一維的幾何圖形。它的影像是否能填滿一個二維的區域，一直是一個很具有挑戰性的問題。為了對這個主題做一個比較深入的探討，首先，我們必須對連續函數有一些初步的認識與瞭解。直覺上，一個函數 f 在一個參考點 p 連續，就是說當點 x 逼近點 p 時，f 在點 x 的函數值 $f(x)$ 也要逼近 f 在點 p 的函數值 $f(p)$。這也表示了，如果函數 f 在一個參考點 p 連續，那麼 f 所產生的圖像在點 p 就不會產生斷點。底下我們給予連續函數在數學上的定義。

定義 6.10. 假設 $f : [a,b] \to \mathbb{R}$ 為一個函數且 $p \in [a,b]$。我們說 f 在點 p 連續，如果對於任意給定的正數 ϵ，都能找到一個相對應的正數 $\delta = \delta(p, \epsilon)$，使得

$|f(x) - f(p)| < \epsilon$，對所有 $x \in [a,b]$ 滿足 $|x - p| < \delta$ 都成立。

如果 f 在區間 $[a,b]$ 上的每一個點都連續的話，我們便說 f 在區間 $[a,b]$ 上是連續的。

在這裡，符號 $\delta = \delta(p, \epsilon)$ 表示 δ 是點 p 與 ϵ 的函數，亦即，δ 是會隨著點 p 與 ϵ 而變動的。底下，我們看一個很簡單的例子。

例 6.11. $f(x) = x^2$ 在區間 $[a,b]$ 上是一個連續函數。

假設 p 為區間 $[a,b]$ 上的一個點。取一個正數 $M \geq \max\{|a|, |b|\}$。符號 $\max\{|a|, |b|\}$ 表示 $|a|$ 與 $|b|$ 中較大的數。因此，對於任意給定的正數 ϵ，我們可以取 $\delta = \frac{\epsilon}{2M}$。所以，當 $x \in [a,b]$ 滿足 $|x - p| < \delta$ 時，

$$|f(x) - f(p)| = |x^2 - p^2| = |x + p||x - p| < 2M\delta = \epsilon。$$

所以 f 是區間 $[a,b]$ 上的一個連續函數。

對於連續函數有了一些簡單的認識之後，我們便可以定義什麼叫作曲線。數學上，在平面 $\mathbb{R}^2$ 裡的一條曲線，通常指的是一個連續函數

$$\phi : [0,1] \to \mathbb{R}^2,$$
$$t \mapsto \phi(t) = (\phi_1(t), \phi_2(t)),$$

或者是此連續函數在平面上所形成的值域。在定義中 ϕ_i ($i = 1, 2$) 為 $[0,1]$ 上的連續函數。

由於曲線本身是一維的幾何圖形，很難想像一條曲線竟然可以把整個正方形填滿。在西元 1890 年，義大利的數學家皮亞諾 (Giuseppe Peano，1858–1932) 首先證明了這種曲線的存在性。所以，我們現在都把這類填滿正方形的曲線 (space-filling curve) 稱作皮亞諾曲線。在本節中，我們將只敘述一個後來由羅馬尼亞裔美國數學家尚恩伯 (Isaac Jacob Schoenberg，1903–1990) 所提出構造此類曲線的方法。感覺上這個方法相當清晰且易懂。

§6.3 填滿正方形之曲線

首先，我們定義一個在區間 $[0, 2]$ 上面的函數如下：

$$\phi(t) = \begin{cases} 0, & \text{如果 } 0 \leq t \leq \frac{1}{3} \text{ 或 } \frac{5}{3} \leq t \leq 2, \\ 3t - 1, & \text{如果 } \frac{1}{3} \leq t \leq \frac{2}{3}, \\ 1, & \text{如果 } \frac{2}{3} \leq t \leq \frac{4}{3}, \\ -3t + 5, & \text{如果 } \frac{4}{3} \leq t \leq \frac{5}{3}。 \end{cases}$$

再把此函數 ϕ 直接延拓到整個實數系 $\mathbb{R}$ 上，使得 ϕ 成為一個有週期 2 的週期函數，亦即，$\phi(t+2) = \phi(t)$ 對所有 $t \in \mathbb{R}$ 都成立。若把函數 ϕ 直接描繪出來，我們可以得到如圖 6-1 的圖形。

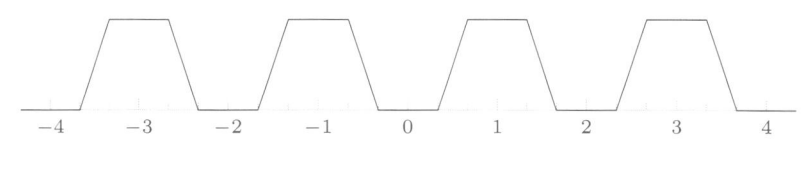

圖 6-1

很容易可以看出 ϕ 是 $\mathbb{R}$ 上的連續函數，其圖形有鋸齒狀的週期。利用此函數 ϕ，我們可以定義出底下兩個新的函數

$$h_1(t) = \sum_{n=1}^{\infty} \frac{\phi(3^{2n-2}t)}{2^n}, \quad h_2(t) = \sum_{n=1}^{\infty} \frac{\phi(3^{2n-1}t)}{2^n}。$$

因為 $0 \leq \phi(t) \leq 1$ 對任意 $t \in \mathbb{R}$ 都成立，所以由幾何級數得知，這兩級數都是收斂的且 $0 \leq h_j(t) \leq 1$（$j = 1$ 或 2）。

接下來，為了說明 h_j（$j = 1, 2$）是連續函數，我們把 h_j 分別拆成兩項

$$h_1(t) = \sum_{n=1}^{m} \frac{\phi(3^{2n-2}t)}{2^n} + \sum_{n=m+1}^{\infty} \frac{\phi(3^{2n-2}t)}{2^n} = h_{1m}(t) + r_{1m}(t),$$

$$h_2(t) = \sum_{n=1}^{m} \frac{\phi(3^{2n-1}t)}{2^n} + \sum_{n=m+1}^{\infty} \frac{\phi(3^{2n-1}t)}{2^n} = h_{2m}(t) + r_{2m}(t),$$

其中 $m \in \mathbb{N}$ 為一個很大的正整數。因為 h_{jm} ($j = 1, 2$) 為有限個連續函數的和，所以 h_{jm} 很自然的也是連續函數。至於餘項 r_{jm} ($j = 1, 2$)，則可以利用這兩級數收斂，對變數 t 而言，的均勻性來控制它。

現在，固定一個參考點 $t_0 \in [0, 1]$，對於任意給定的一個正數 ϵ，首先選取一個夠大的 $m \in \mathbb{N}$ 使得 $2^{-m} < \frac{\epsilon}{3}$。對於這個 m，基於 h_{jm} 的連續性，相對應的我們可以找到一個正數 δ，使得 $|h_{jm}(t) - h_{jm}(t_0)| < \frac{\epsilon}{3}$（其中 $j = 1, 2$），當 $t \in [0, 1]$ 滿足 $|t - t_0| < \delta$ 時都成立。因此，我們便可以得到對於 $j = 1, 2$，

$$\begin{aligned}
&|h_j(t) - h_j(t_0)| \\
&= |h_j(t) - h_{jm}(t) + h_{jm}(t) - h_{jm}(t_0) + h_{jm}(t_0) - h_j(t_0)| \\
&= |r_{jm}(t) + h_{jm}(t) - h_{jm}(t_0) - r_{jm}(t_0)| \\
&\leq |r_{jm}(t)| + |h_{jm}(t) - h_{jm}(t_0)| + |r_{jm}(t_0)| \\
&\leq \frac{1}{2^m} + \frac{\epsilon}{3} + \frac{1}{2^m} \\
&< \frac{\epsilon}{3} + \frac{\epsilon}{3} + \frac{\epsilon}{3} \\
&= \epsilon，
\end{aligned}$$

當 $|t - t_0| < \delta$ 時都成立。這說明了當 t 逼近 t_0 時，函數值 $h_j(t)$ 也會逼近 $h_j(t_0)$。所以函數 h_1 與 h_2 都是連續的。

由此，我們就可以定義一個自區間 $[0, 1]$ 到單位正方形 $[0, 1] \times [0, 1]$ 之間的連續映射如下：

$$\begin{aligned}
h : [0, 1] &\to [0, 1] \times [0, 1]， \\
t &\mapsto h(t) = (h_1(t), h_2(t))。
\end{aligned}$$

接下來的目標就是要證明 h 的值域 $\mathrm{Im}(h) = [0, 1] \times [0, 1]$，也就是說，$h$ 所定義出來的連續曲線把平面 $\mathbb{R}^2$ 上的單位正方形填滿了。

為了證明 h 是一個映成函數，我們把介於 0 與 1 之間的數用二

§6.3 填滿正方形之曲線

進位表示出來，亦即，任意點 $(a,b) \in [0,1] \times [0,1]$ 可以表示成

$$a = \sum_{n=1}^{\infty} \frac{a_n}{2^n}, \quad b = \sum_{n=1}^{\infty} \frac{b_n}{2^n},$$

其中 a_n 與 b_n 為 0 或 1，對於任意 $n \in \mathbb{N}$ 都成立。注意到，這樣的表示法並不唯一。例如，$\frac{1}{2} = \sum_{n=2}^{\infty} \frac{1}{2^n}$ 就有兩種不同的表示法。接著，由 a 與 b 的二進位表現式，我們定義一個新的數

$$c = 2\sum_{n=1}^{\infty} \frac{c_n}{3^n},$$

其中 $c_{2n-1} = a_n$，$c_{2n} = b_n$，對於任意 $n \in \mathbb{N}$ 都成立。因為 a_n 與 b_n 為 0 或 1，所以，$0 \leq c \leq 2\sum_{n=1}^{\infty} \frac{1}{3^n} = 1$。

接著，當 k 為 0 或是一個正整數時，考慮

$$\begin{aligned}3^k c &= 3^k \left(2\sum_{n=1}^{\infty} \frac{c_n}{3^n}\right) \\ &= 2\left(\sum_{n=1}^{k} 3^{k-n} c_n\right) + 2\left(\sum_{n=k+1}^{\infty} 3^{k-n} c_n\right) \circ\end{aligned}$$

當 $k=0$ 時，上式的右邊只有第二項。另外，第一項很明顯的為一偶數。對於第二項則估計如下：

(i) 當 $c_{k+1} = 1$，則 $\dfrac{2}{3} \leq 2\left(\displaystyle\sum_{n=k+1}^{\infty} 3^{k-n} c_n\right) \leq 2\left(\displaystyle\sum_{n=k+1}^{\infty} 3^{k-n}\right) = 1$，

(ii) 當 $c_{k+1} = 0$，則 $0 \leq 2\left(\displaystyle\sum_{n=k+1}^{\infty} 3^{k-n} c_n\right) \leq 2\left(\displaystyle\sum_{n=k+2}^{\infty} 3^{k-n}\right) = \dfrac{1}{3}$。

因此，由函數 ϕ 的定義，很容易可以知道，不論 $c_{k+1} = 0$ 或 1，

我們都會有 $\phi(3^k c) = c_{k+1}$。再由此,便可得

$$\begin{aligned} h(c) &= (h_1(c), h_2(c)) \\ &= \left(\sum_{n=1}^{\infty} \frac{\phi(3^{2n-2}c)}{2^n}, \sum_{n=1}^{\infty} \frac{\phi(3^{2n-1}c)}{2^n} \right) \\ &= \left(\sum_{n=1}^{\infty} \frac{c_{2n-1}}{2^n}, \sum_{n=1}^{\infty} \frac{c_{2n}}{2^n} \right) \\ &= \left(\sum_{n=1}^{\infty} \frac{a_n}{2^n}, \sum_{n=1}^{\infty} \frac{b_n}{2^n} \right) \\ &= (a, b) \circ \end{aligned}$$

所以,連續曲線 h 的值域把單位正方形給填滿了,亦即,$\text{Im}(h) = [0, 1] \times [0, 1]$。這也完成了填滿單位正方形之曲線的建構。

有了這類映成函數後,接下來我們便可以透過選擇公設(axiom of choice)來得到一個自 $[0, 1] \times [0, 1]$ 到 $[0, 1]$ 的一對一函數 g。

首先,對於 $[0, 1] \times [0, 1]$ 上的每一個點 (a, b),我們考慮它的前像所形成的集合

$$E_{(a,b)} = h^{-1}((a, b)) = \{ t \in [0, 1] \mid h(t) = (a, b) \} \circ$$

因為 h 為一個映成函數,集合 $E_{(a,b)}$ 具有下列的性質:
(i) $E_{(a,b)} \neq \emptyset$,且 $E_{(a,b)}$ 可能包含不只一點,
(ii) $E_{(a,b)} \cap E_{(c,d)} = \emptyset$,如果 $(a, b) \neq (c, d)$,
(iii) $\bigcup_{0 \leq a, b \leq 1} E_{(a,b)} = [0, 1]$。

由以上的觀察,很自然地我們會聯想到數學上選擇公設的一種表現形式,即策梅洛公設(Zermelo's axiom)。策梅洛(Ernst Zermelo,1871–1953)為德國的數學家。他在 1904 年為了證明集合論中的良序定理,首先形式化提出了選擇公設。在 1908 年時他又發表了底下經過修正後的選擇公設。

策梅洛公設. 假設 $\{ E_\alpha \mid \alpha \in \Lambda \}$ 為一個由指標集合 Λ 所定義的集

合族，滿足 $E_\alpha \neq \emptyset$ 對於任意 $\alpha \in \Lambda$ 都成立，與 $E_\alpha \cap E_\beta = \emptyset$ 如果 $\alpha, \beta \in \Lambda$ 且 $\alpha \neq \beta$，則存在一個集合 S 它的元素是由每一個 E_α ($\alpha \in \Lambda$) 中各取唯一的一個元素所組成。

集合 $E_{(a,b)}$（其中 $(a,b) \in [0,1] \times [0,1]$）完全符合策梅洛公設的要求。所以，經由策梅洛公設，我們可以得到 $[0,1]$ 中的一個子集合 S，它是由每一個集合 $E_{(a,b)}$ 中選取唯一的一個元素 $t_{(a,b)} \in E_{(a,b)}$ 所形成。藉由此集合 S，我們就可以得到一個自 $[0,1] \times [0,1]$ 映射到 $[0,1]$ 的一對一函數 g 如下：

$$g : [0,1] \times [0,1] \to [0,1],$$
$$(a,b) \mapsto t_{(a,b)},$$

其中 $t_{(a,b)} \in S$。最後再透過定理 6.9（康托爾–伯恩斯坦–施洛德定理），便完成了線段與單位正方形為等勢的證明。

§6.4 推論

基於以上數節的討論，在本節中利用康托爾–伯恩斯坦–施洛德定理和策梅洛公設，我們也可以很容易地得到下面的一些結果。

定理 6.12. 假設 A, B 為給定的兩個集合。若存在一個映成函數 $\tilde{g} : A \to B$ 和一個映成函數 $\tilde{f} : B \to A$，則集合 A 與 B 為等勢的，亦即，有同樣的基數。

這是因為利用映成函數 $\tilde{f} : B \to A$ 和策梅洛公設，便可以得到一個一對一函數 $f : A \to B$。同理也可得到另一個一對一函數 $g : B \to A$。最後，再由康托爾–伯恩斯坦–施洛德定理，便可推得此定理。

定理 6.13. 集合 $[0,1] \times [0,1]$、$(0,1) \times (0,1)$ 與 $\mathbb{R}^2$ 都是等勢的。

證明：

(i) $f : (0,1) \times (0,1) \to [0,1] \times [0,1]$，$f((a,b)) = (a,b)$，為一個一對一映射。另外，因為 $[0,1] \times [0,1]$ 與 $[0,1]$ 是等勢的，所以也可以得到一個一對一且映成函數 g 自 $[0,1] \times [0,1]$ 到 $\{(t, \frac{1}{2}) \mid \frac{1}{3} \leq t \leq \frac{2}{3}\} \subset (0,1) \times (0,1)$。所以，$[0,1] \times [0,1]$ 和 $(0,1) \times (0,1)$ 是等勢的。

(ii) 與例 6.7 一樣，定義函數 $h : (0,1) \times (0,1) \to \mathbb{R}^2$，$h((x,y)) = (\tan(\pi x - \frac{\pi}{2}), \tan(\pi y - \frac{\pi}{2}))$。則 h 為一個一對一且映成的函數。所以，$(0,1) \times (0,1)$ 和 $\mathbb{R}^2$ 是等勢的。 □

定理 6.14. 若 E 為 $\mathbb{R}^2$ 中的一個子集合且 E 包含了一個線段，則 E 和 $[0,1]$ 是等勢的。

證明： 因為 $[0,1]$ 與 $[0,1] \times [0,1]$ 是等勢的，因此由定理 6.13 知道，存在一個一對一且映成的函數 g 自 $\mathbb{R}^2$ 到 $[0,1]$。所以，只要把函數 g 限制到 E 上，就可以得到一個一對一的函數自 E 映射到 $[0,1]$。另一方面，定理的敘述中也假設 E 包含了一個線段，所以，便可以建構一個一對一的函數 f 自 $[0,1]$ 映射到 E。這樣就完成了定理 6.14 的證明。 □

§6.5 參考文獻

[1] T. M. Apostol, *Mathematical Analysis*, 2nd ed., Addison-Wesley, Reading, MA, 1974.

[2] S. G. Krantz, *Elements of Advanced Mathematics*, 3rd ed., CRC Press, Boca Raton, FL, 2012.

第 7 章
度量空間

§7.1 度量空間

回想過去當我們在學習歐氏空間上的問題時，不難會發現在有些時候我們其實只需要知道空間中任意兩點之間的距離就可以了，反而並不需要特別去瞭解背景空間是什麼。比如說，當我們要定義一個開球集合的時候，我們只要說這個集合是由此空間上所有與一個參考點之距離小於一個固定正數的點所形成就可以了。這樣的領悟往往能促成某種形式的啟發。更由於這種往更廣義推展的思維，在數學上，也會對問題做一個整合和簡化。

所以在這一章裡我們將引進所謂的度量空間（metric space），試著把歐氏空間上的幾何結構推展到更一般的空間。同時也推導一些度量空間上重要的性質，比如說，完備性與緊緻性。另外，也將探討度量空間彼此之間連續函數的一些性質。至於空間的連通性，我們將在下一章拓樸空間裡一併講述。

因此，底下我們就直接給出度量空間的定義。

定義 7.1. 一個度量空間 (X, d_X) 指的是一個集合 X 和定義在集合 $X \times X$ 上的一個度量函數 $d_X : X \times X \to \mathbb{R}$，滿足下列的條件：

(i) $d_X(x, y) \geq 0$，$d_X(x, y) = 0$ 若且唯若 $x = y$，對任意 $x, y \in X$

都成立。
(ii) (對稱性) $d_X(x,y) = d_X(y,x)$,對任意 $x,y \in X$ 都成立。
(iii) (三角不等式) $d_X(x,y) \leq d_X(x,z) + d_X(z,y)$,對任意 $x,y,z \in X$ 都成立。

因此對於 X 上任意兩點 x 和 y,函數 $d_X(x,y)$ 在這裡所代表的意義就是點 x 和 y 之間的距離。在沒有疑慮的情形之下,我們有時候會把度量函數省略不寫出來,或者只是寫 d 來取代 d_X。定義 7.1 中的條件 (iii) 則表示此度量滿足所謂的三角不等式,沒有違反在歐氏空間上傳統距離所具有的事實。另外,一個值得注意的現象就是,在同一個空間 X 上,基本上我們是有可能定義出無窮多種不同的度量。

接著,我們看一些例子。

例 7.2. 在 $\mathbb{R}^n$ $(n \geq 1)$ 上,假設 $x = (x_1, \cdots, x_n)$ 和 $y = (y_1, \cdots, y_n)$ 是任意兩點。我們比較常用的度量有:
 (i) 標準歐氏空間上由畢氏定理給出來的度量,
$$d(x,y) = |x-y| = ((x_1-y_1)^2 + \cdots + (x_n-y_n)^2)^{\frac{1}{2}}。$$
(ii) $d_1(x,y) = |x_1-y_1| + \cdots + |x_n-y_n|$。
(iii) $d_{\max}(x,y) = \max_{1 \leq j \leq n}\{|x_j - y_j|\}$。
讀者不難驗證這三個度量函數都滿足定義 7.1 中 (iii) 的條件,亦即,三角不等式。

例 7.3. 假設 (X, d_X) 是一個度量空間,S 是 X 上的一個子集合。當我們把 d_X 限制在 $S \times S$,記成 $d_S = d_X|_{S \times S} : S \times S \to \mathbb{R}$,則 (S, d_S) 自己會形成一個度量空間。我們說 (S, d_S) 是 (X, d_X) 的一個度量子空間。

例 7.4. 假設 $S^1 = \{(x,y) \in \mathbb{R}^2 \mid x^2 + y^2 = 1\}$ 為 $\mathbb{R}^2$ 上的單位圓。

§7.1 度量空間

對於 S^1 上任意兩點 x 和 y，我們把 x 和 y 之間的距離定義為 S^1 上被 x 和 y 分割出來較小的弧長。讀者也可以很容易地驗證出此度量函數滿足定義 7.1 中的三角不等式。注意到此度量空間和我們視 (S^1, d_{S^1}) 為 $(\mathbb{R}^2, d)$ 上的度量子空間，如例 7.3 所述，是不一樣的。

例 7.5. 一個比較特殊的度量空間就是我們在任意集合 X 上定義如下的度量函數

$$d(x,y) = \begin{cases} 1, & \text{如果 } x \neq y, \\ 0, & \text{如果 } x = y。 \end{cases}$$

我們稱此度量空間 (X, d) 為一個離散的度量空間 (discrete metric space)，d 為一個離散的度量函數。

接著，我們引進實數系 $\mathbb{R}$ 上所謂的完備公設 (axiom of completeness)，以方便討論其他的例子。

實數系的完備公設. 假設 E 是 $\mathbb{R}$ 上一個有上界的子集合，亦即，存在一個 $M \in \mathbb{R}$ 使得 $x \leq M$，對於 E 上的每個點 x 都成立。則存在一個 E 的最小上界 (least upper bound)，記為 $\sup E$。

注意到 $\mathbb{R}$ 上一個有上界的子集合 E 它的最小上界並不一定屬於 E。比如說，$\sup[0,1] = 1 \in [0,1]$，但是 $\sup[0,1) = 1 \notin [0,1)$。我們說 $\mathbb{R}$ 上的一個子集合 E 是有界的，如果存在 $m, M \in \mathbb{R}$ 使得 $m \leq x \leq M$，對於 E 上的每個點 x 都成立。

例 7.6. 若 X 為一個任意的集合，令 $B(X)$ 為 X 上所有有界實函數所形成的集合。在此，X 上有界實函數 f 表示 $f: X \to \mathbb{R}$ 滿足值域 $\text{Im}(f) = \{f(x) \mid x \in X\}$ 是 $\mathbb{R}$ 上一個有界的子集合。對於 $B(X)$ 上任意兩個函數 f 和 g，定義

$$d(f, g) = \sup_{x \in X} \{|f(x) - g(x)|\}。$$

則 $(B(X), d)$ 形成一個度量空間。函數在這個空間上的收斂行為就是平常我們說的均勻收斂。

有了距離的觀念之後，我們便可以模仿在傳統歐氏空間上定義開球集合的方式，在度量空間上也定義出所謂的開球集合。假設 (X, d) 為一個度量空間，p 為 X 上的一個點。我們定義以點 p 為球心，半徑為 $r > 0$ 的開球集合（open ball），簡稱開球並記為 $B(p; r)$，如下：

$$B(p; r) = \{y \in X \mid d(p, y) < r\}。$$

當我們要特別強調此開球所在的背景空間 X 時，我們會把開球記為 $B_X(p; r)$。

若 E 為 X 上的一個子集合，p 為 E 上的一個點。我們說點 p 為 E 的一個內點（interior point），如果存在一個開球 $B_X(p; r)$，$r > 0$，使得 $B_X(p; r) \subset E$。我們將 E 上所有的內點所形成的集合稱之為 E 的內部（interior），記為 $\text{int}(E)$。因此

$$\text{int}(E) \subset E。$$

定義 7.7. 假設 E 為 X 上的一個子集合。我們說 E 是 X 上的一個開集（open set），如果 E 中的每一個點都是 E 的內點，亦即，$\text{int}(E) = E$。

依據此定義，空集合 $\emptyset$ 和 X 都是 X 上的開集。我們也有以下的結果。

定理 7.8. 假設 (X, d) 為一個度量空間。則任意一個開球 $B(p; r)$，$r > 0$，都是 X 上的開集。

證明： 若 $x \in B(p; r)$，取 $\rho = \frac{1}{2}(r - d(p, x)) > 0$。當 $y \in B(x; \rho)$

§7.1 度量空間

時，
$$d(p,y) \leq d(p,x) + d(x,y) < d(p,x) + \rho = \frac{1}{2}(r + d(p,x)) < r。$$
這表示 $B(x;\rho) \subset B(p;r)$。也就是說，$B(p;r)$ 中的每一個點都是內點。所以開球 $B(p;r)$ 是 X 上的一個開集。證明完畢。 □

定理 7.9. 假設 (X,d) 為一個度量空間。則 X 上任意一個開集都是一些開球的聯集。

證明： 假設 U 是 X 上的一個開集，$x \in U$。因為 x 是 U 的一個內點，所以存在一個開球 $B(x;r_x)$，$r_x > 0$，使得 $B(x;r_x) \subset U$。因此，
$$U = \bigcup_{x \in U} B(x;r_x)。$$
證明完畢。 □

這裡必須注意到，定理 7.9 告訴我們度量空間 X 上任意一個開集 U 都可以寫成一些開球的聯集。換句話說，X 上任意一個開集 U 都可以用一些開球的聯集來生成。所以度量空間 X 上的開球族在所有的開集中扮演著一個很重要的角色。由於我們對一個度量空間 X 之背景空間的瞭解其實是相當的模糊，只知道 X 上有一個距離的觀念。所以當我們理解到一些特定的開集可以用來生成所有的開集，這樣的認知對後續的發展是有相當的助益。因此我們給出如下的定義。

定義 7.10. 假設 $\mathcal{F} = \{U_\alpha \mid U_\alpha \text{ 為 } X \text{ 上的開集}\}_{\alpha \in \Lambda}$ 為度量空間 (X,d) 上的一個開集族。如果 X 上任意一個開集 V 都可以寫成 $\mathcal{F}$ 中某些開集 U_α 的聯集，我們便說 $\mathcal{F}$ 是 X 上的一個開集基（base）。

由以上的定義來看，X 上所有的開球所形成的族是 X 上的一個開集基。底下我們再看一些開集的性質。

定理 7.11. 假設 (X,d) 為一個度量空間。則
 (i) X 上任意個開集的聯集也是一個開集,
 (ii) X 上有限個開集的交集也是一個開集。

證明:

 (i) 假設 $U_\alpha \, (\alpha \in \Lambda)$ 為 X 上的開集。如果 $p \in \bigcup_{\alpha \in \Lambda} U_\alpha$,則 $p \in U_\alpha$ 對於某一個 $\alpha \in \Lambda$。由於 U_α 為 X 上的一個開集,所以存在一個開球 $B(p;r)$,$r > 0$,使得 $B(p;r) \subset U_\alpha$。也因此得到

$$B(p;r) \subset \bigcup_{\alpha \in \Lambda} U_\alpha \circ$$

這說明了 $\bigcup_{\alpha \in \Lambda} U_\alpha$ 為 X 上的一個開集。

 (ii) 假設 $U_j \, (1 \leq j \leq m)$ 為 X 上的開集。如果 $p \in \bigcap_{j=1}^{m} U_j$,則 $p \in U_j$ 對所有 $1 \leq j \leq m$。由於 U_j 為 X 上的一個開集,所以,對於每一個 $j \, (1 \leq j \leq m)$,都存在一個開球 $B(p;r_j)$,$r_j > 0$,使得 $B(p;r_j) \subset U_j$。令 $r = \min\{r_1, \cdots, r_m\}$。則 $B(p;r) \subset B(p;r_j) \subset U_j$ 對所有 $1 \leq j \leq m$。因此

$$B(p;r) \subset \bigcap_{j=1}^{m} U_j \circ$$

這也說明了 $\bigcap_{j=1}^{m} U_j$ 為 X 上的一個開集。
證明完畢。 □

注意到無窮多個開集的交集不一定是一個開集。比如說,在 $\mathbb{R}$ 上,$\bigcap_{n=1}^{\infty} (-\frac{1}{n}, \frac{1}{n}) = \{0\}$ 就不是一個開集。

另外,由於在同一個空間 X 上可以定義出很多不同的度量,我們說兩個不同的度量 d_1 和 d_2 是等價的 (equivalent),如果這兩個不同的度量在 X 上都定義出相同的開集。很明顯地,不難看出在例 7.2 中所列舉 $\mathbb{R}^n$ 上三個不同的度量彼此都是等價的。

§7.1 度量空間

接下來，假設 (X, d) 為一個度量空間，E 為 X 上的一個子集合。我們說點 $p \in X$ 為 E 的一個附著點（adherent point），如果對於任意 $r > 0$，$B(p; r) \cap E \neq \emptyset$ 恆成立。我們把 E 所有的附著點所形成的集合稱作 E 的閉包（closure），記為 $\overline{E}$。很明顯地，我們有

$$E \subset \overline{E}。$$

我們說子集合 E 為 X 上的一個閉集，如果 $E = \overline{E}$。因此，空集合 $\emptyset$ 和 X 都是 X 上的閉集。關於閉集我們有底下基本的性質。

定理 7.12. 假設 (X, d) 為一個度量空間，E 為 X 上的一個子集合。則 $\overline{E}$ 為 X 上的一個閉集。

證明： 依據閉集的定義，我們必須證明 $\overline{E} = \overline{(\overline{E})}$。若 $p \notin \overline{E}$，表示 p 不是 E 的一個附著點。因此存在一個 $r > 0$，使得 $B(p; r) \cap E = \emptyset$。但是 $B(p; r)$ 也是其上任何點 x 的開鄰域，亦即，存在一個 $\epsilon > 0$ 使得 $x \in B(x; \epsilon) \subset B(p; r)$。所以推得 $B(p; r)$ 上的任何一個點 x 都不是 E 的附著點，得到 $B(p; r) \cap \overline{E} = \emptyset$。這說明了點 p 也不是 $\overline{E}$ 的一個附著點。因此，$\overline{(\overline{E})} \subset \overline{E}$。所以 $\overline{E} = \overline{(\overline{E})}$。證明完畢。　□

定理 7.13. 假設 (X, d) 為一個度量空間，E 為 X 上的一個子集合。則 E 為 X 上的一個閉集若且唯若 $X \setminus E$ 為 X 上的一個開集。

證明： 假設 E 為 X 上的一個閉集，亦即，$E = \overline{E}$。因此，若 $p \notin E$，則存在一個 $r > 0$，使得 $B(p; r) \cap E = \emptyset$。所以 $X \setminus E$ 為 X 上的一個開集。

反之，若 $X \setminus E$ 為 X 上的一個開集。則對於任何點 $p \notin E$，都存在一個開球 $B(p; r) \cap E = \emptyset$。這表示 p 不是 E 的附著點。所以 $\overline{E} \subset E$。因此 E 是 X 上的一個閉集。證明完畢。　□

由定理 7.13 得知，度量空間 X 上的開集和閉集其實是互為補

集。這對於有關度量空間上後續的推展蠻有幫助的。基於這樣的認識，我們很容易地透過補集的運算和定理 7.11 就可以得到一些有關閉集的性質。

定理 7.14. 假設 (X, d) 為一個度量空間。則
 (i) X 上任意個閉集的交集也是一個閉集，
 (ii) X 上有限個閉集的聯集也是一個閉集。

定義 7.15. 假設 $\{x_n\}_{n=1}^{\infty}$ 為度量空間 (X, d) 上的一個點列。我們說點列 $\{x_n\}$ 收斂到 X 上的一個點 p，如果對於任意給定的正數 ϵ，都存在一個正整數指標 $n_0 = n_0(\epsilon, p)$，使得 $d(x_n, p) < \epsilon$，當 $n \geq n_0$ 都成立。

注意到在此定義中指標 $n_0(\epsilon, p)$ 是會隨著 ϵ 和點 p 而變動。我們稱 p 為點列 $\{x_n\}$ 的極限點，記為 $\lim_{n \to \infty} x_n = p$。

定理 7.16. 假設 $\{x_n\}_{n=1}^{\infty}$ 為度量空間 (X, d) 上一個收斂的點列。則其極限點是唯一的。

證明： 假設點列 $\{x_n\}$ 收斂到 p 和 q。利用度量空間上的三角不等式可以得到

$$d(p, q) \leq d(p, x_n) + d(x_n, q)。$$

因為不等式的右邊在 n 趨近於無窮大時會趨近於零，所以 $d(p, q) = 0$，亦即，$p = q$。證明完畢。□

定理 7.17. 假設 (X, d) 為一個度量空間，E 為 X 上的一個子集合。則 $p \in \overline{E}$ 若且唯若存在一個 E 上的點列收斂到 p。

證明： 若 $p \in \overline{E}$，依據閉包的定義，存在點 $x_n \in E \cap B(p; \frac{1}{n})$，$n \in \mathbb{N}$。所以存在一個 E 上的點列 $\{x_n\}$ 收斂到 p。

§7.1 度量空間

反之，假設存在一個 E 上的點列 $\{x_n\}$ 收斂到 p。對於任意小的正數 ϵ，考慮開球 $B(p;\epsilon)$。則存在一個指標 n_0，使得 $x_n \in B(p;\epsilon)$，當 $n \geq n_0$ 都成立。這表示 $E \cap B(p;\epsilon) \neq \emptyset$。所以 $p \in \overline{E}$。證明完畢。 □

對於度量空間的結構有了基本的認識之後，我們也可以模仿歐氏空間把有限個度量空間乘起來，然後在此乘積空間上給予一個度量，並研究其上的性質，如下例所述。

例 7.18. 假設 (X_j, d_j)（其中 $1 \leq j \leq N$）為 N 個度量空間。定義其乘積空間 X 為

$$X = X_1 \times \cdots \times X_N = \{(x_1, \cdots, x_N) \mid x_j \in X_j, 1 \leq j \leq N\}。$$

因此，也可以像例 7.2 一樣，在 X 上給予幾個常用的度量 d：
(i) $d(x,y) = \{d_1(x_1,y_1)^2 + \cdots + d_N(x_N,y_N)^2\}^{\frac{1}{2}}$。
(ii) $d(x,y) = d_1(x_1,y_1) + \cdots + d_N(x_N,y_N)$。
(iii) $d(x,y) = \max_{1 \leq j \leq N}\{d_j(x_j,y_j)\}$。

當然，我們也可以隨意在 X 上給予其他的度量 d，使得 (X,d) 形成一個度量空間。但是注意到如果度量 d 給的太隨意，我們很有可能會失去 d 和 d_j（$1 \leq j \leq N$）之間的連結。只能把 (X,d) 當成一般的度量空間來討論。這樣就會失去乘積的意義。因此，當我們要在 X 上給予一個度量 d 時，通常會要求此度量 d 滿足底下之兩條件：
(I) 乘積空間 X 上的一個點列 $\{x^{(n)} = (x_j^{(n)})\}_{n=1}^{\infty}$ 在 X 上收斂到點 $x = (x_1, \cdots, x_N)$，若且唯若對於每個 j（$1 \leq j \leq N$），分量點列 $\{x_j^{(n)}\}_{n=1}^{\infty}$ 在 X_j 上會收斂到 x_j。
(II) $d_j(x_j, y_j) \leq d(x,y)$，對於任意 $x, y \in X$ 和 $1 \leq j \leq N$ 都成立。

很明顯地，可以看出來例 7.18 中所列的三個常用的度量 d 都滿足條件 (I) 和 (II)。底下的定理告訴我們，若乘積空間 X 上的度量

d 滿足條件 (I) 時，我們就可以很清楚地描述 X 上的開集。

定理 7.19. 假設 d 為乘積空間 $X = X_1 \times \cdots \times X_N$ 上的一個度量滿足條件 (I)。則度量空間 (X, d) 上的開集都可以寫成乘積開集 $U_1 \times \cdots \times U_j \times \cdots \times U_N$ 的聯集，其中 U_j 為 X_j 上的開集，$1 \leq j \leq N$。

證明： 首先證明若 C_j 為 X_j 上的閉集 ($1 \leq j \leq N$)，則 $C = C_1 \times \cdots \times C_N$ 為 X 上的閉集。因為，若 $x^{(n)} = (x_1^{(n)}, \cdots, x_N^{(n)})$ 為 C 上的一個點列收斂到 $p = (p_1, \cdots, p_N)$，則條件 (I) 保證每個分量點列 $\{x_j^{(n)}\}$ 都會收斂到 p_j，$1 \leq j \leq N$。由於 C_j 為 X_j 上的閉集，所以 $p_j \in C_j$，$1 \leq j \leq N$。因此 $\{x^{(n)}\}$ 收斂到 $p \in C$，得知 C 是 X 上的一個閉集。

現在，若 U_j 為 X_j 上的開集 ($1 \leq j \leq N$)，則由以上的論述得知

$$F_j = X_1 \times \cdots \times X_{j-1} \times (X_j \setminus U_j) \times X_{j+1} \times \cdots \times X_N$$

為 X 上的一個閉集。所以

$$V_j = X \setminus F_j = X_1 \times \cdots \times X_{j-1} \times U_j \times X_{j+1} \times \cdots \times X_N$$

是 X 上的一個開集。因此，

$$U = U_1 \times \cdots \times U_N = V_1 \cap \cdots \cap V_N$$

也是 X 上的一個開集。

最後，我們要證明 X 上任意一個開集 U 都可以寫成乘積開集的聯集。也就是說，若 U 是 X 上的一個開集，且 $x \in U$，我們要證明存在 X_j 上的開集 U_j ($1 \leq j \leq N$)，使得 $x \in U_1 \times \cdots \times U_N \subset U$。

因此，假設存在 X 上的一個開集 U 和 U 上的一個點 $x = (x_1, \cdots, x_N)$，使得任意包含點 x 的乘積開集都不會包含於 U。所以，對於任意 $m \in \mathbb{N}$，我們會得到

$$x \in B(x_1; \frac{1}{m}) \times \cdots \times B(x_N; \frac{1}{m}) \nsubseteq U.$$

§7.1 度量空間

這表示存在點 $x^{(m)} = (x_1^{(m)}, \cdots, x_N^{(m)}) \notin U$，但是 $x_j^{(m)} \in B(x_j; \frac{1}{m})$，亦即 $d_j(x_j, x_j^{(m)}) < \frac{1}{m}$，其中 $1 \leq j \leq N$。很明顯地，由條件 (I) 知道點列 $\{x^{(m)}\}_{m=1}^{\infty}$ 會收斂到點 x。可是另一方面，$x^{(m)} \in X \setminus U$，這是 X 上的一個閉集。所以 $\{x^{(m)}\}$ 的收斂點 x 也會屬於此閉集，亦即，$x \in X \setminus U$。因此，得到一個矛盾。所以，X 上任意一個開集 U 都可以寫成乘積開集的聯集。證明完畢。 □

在結束本節之前，我們回想一下定理 7.9。它告訴我們說度量空間 X 上的每一個開集都是一些開球的聯集。現在假設 (E, d_E) 是度量空間 (X, d_X) 上的一個子空間，V 是 E 上的一個開集。對於每一個點 $x \in V$，存在一個 E 上的開球 $B_E(x; r_x) \subset V$。因此，依據定理 7.9，我們知道

$$\begin{aligned} V &= \bigcup_{x \in V} B_E(x; r_x) \\ &= \bigcup_{x \in V} (B_X(x; r_x) \cap E) \\ &= (\bigcup_{x \in V} B_X(x; r_x)) \cap E = U \cap E, \end{aligned}$$

其中 $U = \bigcup_{x \in V} B_X(x; r_x)$ 為 X 上的一個開集。這表示 E 上的每一個開集 V 都是由 X 上的一個開集 U 和 E 做交集得到的，亦即，$V = U \cap E$。

反之，若 U 為 X 上的一個開集，則對於每一個點 $x \in U$，存在一個 X 上的開球 $B_X(x; r_x) \subset U$。因此，

$$\begin{aligned} U \cap E &= (\bigcup_{x \in U} B_X(x; r_x)) \cap E \\ &= \bigcup_{x \in U \cap E} (B_X(x; r_x) \cap E) \\ &= \bigcup_{x \in U \cap E} B_E(x; r_x) = V, \end{aligned}$$

其中 $V = \bigcup_{x \in U \cap E} B_E(x; r_x)$ 形成 E 上的一個開集。這表示 X 上的每一個開集 U 和 E 做交集會得到 E 上的一個開集，亦即，$V = U \cap E$ 為 E 上的一個開集。

由以上的討論，我們證得了定理 7.20。

定理 7.20. 假設 (X, d_X) 為一個度量空間，(E, d_E) 是 X 上的一個子空間。則
 (i) V 是 E 上的一個開集若且唯若 $V = U \cap E$，其中 U 是 X 上的一個開集，
 (ii) C 是 E 上的一個閉集若且唯若 $C = F \cap E$，其中 F 是 X 上的一個閉集。

上述定理中 (ii) 的部分我們只要利用集合論中補集的運算便可由 (i) 得到。

§7.2 完備性

在上一節中，我們定義了度量空間上收斂的點列。在這裡我們希望能更進一步去瞭解一個點列的收斂本質。也就是說，當我們隨意選取一個點列時，不管此時其背景空間為何，我們想知道此點列是否具有內在收斂的潛力或本質。因此，我們先回顧一下，若點列 $\{x_n\}$ 在一個度量空間 (X, d) 上收斂到一個點 p，則當給定任意一個正數 ϵ 時，存在一個指標 n_0，使得 $d(x_n, p) < \frac{\epsilon}{2}$，對於所有 $n \geq n_0$ 都成立。因此，當 $j, k \geq n_0$ 時，我們便會有

$$d(x_j, x_k) \leq d(x_j, p) + d(p, x_k) < \frac{\epsilon}{2} + \frac{\epsilon}{2} = \epsilon。$$

也就是說，這個估計或條件形成了點列 $\{x_n\}$ 在一個度量空間 X 上會不會收斂的必要條件，亦即，當指標足夠大時的兩點，它們之間的距離必須足夠的小。一個度量空間 X 上的點列 $\{x_n\}$ 如果本質上

§7.2 完備性

不具有此條件,當然就不可能收斂。基於這樣的分析與瞭解,很自然地我們給出下面的定義。

定義 7.21. 假設 (X, d) 是一個度量空間,$\{x_n\}_{n=1}^{\infty}$ 是 X 上的一個點列。我們說 $\{x_n\}$ 是一個柯西點列(Cauchy sequence),如果對於任意給定的一個正數 ϵ,存在一個指標 $n_0 = n_0(\epsilon)$,使得

$$d(x_n, x_m) < \epsilon,$$

對於所有 $n, m \geq n_0$ 都成立。

所以,度量空間上一個收斂的點列必然是一個柯西點列。但是在這裡我們必須注意到,度量空間上的柯西點列在此空間並不一定會收斂,這與其背景空間的結構有著絕對的關係。比如說,在標準歐氏度量之下,點列 $\{1/n\}_{n=1}^{\infty}$ 是一個柯西點列。但是它在 $\mathbb{R}$ 的子空間 $(0,2)$ 裡並不會收斂,原因是點 0 並不屬於開區間 $(0,2)$。另外,在 $\mathbb{R}$ 上一個收斂到 π 的有理數點列,當然是一個柯西點列,但是在有理數空間 $\mathbb{Q}$ 上也不會收斂。

定理 7.22. 假設 (X, d) 是一個度量空間,$\{x_n\}_{n=1}^{\infty}$ 是 X 上的一個柯西點列。如果存在一個 $\{x_n\}$ 的子點列 $\{x_{n_j}\}_{j=1}^{\infty}$ 收斂到一個點 p,則 $\{x_n\}$ 也會收斂到點 p。

證明: 由假設知道,給定一個正數 ϵ,則存在一個指標 n_0,使得

$$d(x_n, x_m) < \frac{\epsilon}{2} \ \text{與} \ d(x_{n_j}, p) < \frac{\epsilon}{2},$$

對於所有 $n, m, j \geq n_0$ 都成立。所以,對於此給定的正數 ϵ,存在一個指標 n_0,當 $n \geq n_0$ 時,我們只需選取一個輔助的 x_{n_j},滿足 $j, n_j \geq n_0$,便可得到

$$d(x_n, p) \leq d(x_n, x_{n_j}) + d(x_{n_j}, p) < \frac{\epsilon}{2} + \frac{\epsilon}{2} = \epsilon。$$

這說明了點列 $\{x_n\}$ 收斂到 p。證明完畢。 □

因此，在有了這些關於度量空間上點列收斂行為的瞭解之後，我們稱一個度量空間 X 為完備的度量空間 (complete metric space)，如果 X 中的每一個柯西點列在 X 上都會收斂。

底下我們敘述並證明一些有關於完備度量空間的結果。

定理 7.23. 實數系 $\mathbb{R}$，在標準的歐氏度量 $d(x,y) = |x-y|$ 之下，是一個完備的度量空間。

證明： 假設 $\{x_n\}_{n=1}^{\infty}$ 是 $\mathbb{R}$ 上的一個柯西點列。定義集合

$$E = \{y \in \mathbb{R} \mid \text{只有有限個 } x_n \leq y\}。$$

很明顯地，若 $y \in E$，則 $(-\infty, y] \subset E$。首先我們要證明 E 不是一個空集合。現在給定任意正數 ϵ，依據柯西點列的定義，存在一個 n_0，使得 $|x_n - x_{n_0}| < \epsilon$，對於所有的 $n \geq n_0$ 都成立。因此，只有有限個 x_n 不在開區間 $(x_{n_0} - \epsilon, x_{n_0} + \epsilon)$ 裡。這表示 $x_{n_0} - \epsilon \in E$ 和 $x_{n_0} + \epsilon \notin E$。所以，得到 $E \neq \emptyset$，並且 E 有上界 $x_{n_0} + \epsilon$。因此依據實數系的完備公設，存在 $p = \sup E$，同時得到

$$x_{n_0} - \epsilon \leq p \quad \text{和} \quad p \leq x_{n_0} + \epsilon。$$

這表示 $|x_{n_0} - p| \leq \epsilon$。所以，當 $n \geq n_0$ 時，

$$|x_n - p| \leq |x_n - x_{n_0}| + |x_{n_0} - p| < 2\epsilon。$$

因此點列 $\{x_n\}$ 會收斂到 p。證明完畢。 □

定理 7.24. 完備度量空間的閉子空間也是一個完備的度量空間。

證明： 假設 X 是一個完備的度量空間，E 是 X 上的一個閉集。若 $\{x_n\}_{n=1}^{\infty}$ 是 E 上的一個柯西點列。則 $\{x_n\}$ 也可以視為 X 上的一個

§7.2 完備性

柯西點列。因此依據假設,$\{x_n\}$ 會收斂到 X 上的一個點 x。因為 E 是 X 上的一個閉集,所以 $x \in E$。這表示 E 也是一個完備的度量空間。證明完畢。 □

定理 7.25. 度量空間 X 的每一個完備度量子空間 Y 都是 X 上的一個閉集。

證明: 首先,若點 p 附著於 Y,則由定理 7.17 得知,在 Y 上會存在一個點列 $\{x_n\}$ 收斂到 p。因此,$\{x_n\}$ 形成 X 上的一個柯西點列,當然也是 Y 上的一個柯西點列。再由 Y 是一個完備度量子空間的假設,$\{x_n\}$ 會收斂到 Y 上的一個點 q。接著由定理 7.16 知道,在度量空間收斂點列的極限點是唯一的。所以 $p = q \in Y$。因此,$Y = \overline{Y}$。證明完畢。 □

定理 7.26. 假設 (X_j, d_j) 對所有 $1 \leq j \leq N$ 皆是完備度量空間,d 是乘積空間 $X = X_1 \times \cdots \times X_N$ 上的一個度量滿足乘積空間上的條件 (I) 和 (II)。則 (X, d) 會形成一個完備的度量空間。

證明: 假設 $\{x^{(n)}\}_{n=1}^{\infty} = \{(x_j^{(n)})\}_{n=1}^{\infty}$ 為 X 上的一個柯西點列。則由條件 (II) 知道,分量點列 $\{x_j^{(n)}\}_{n=1}^{\infty}$ ($1 \leq j \leq N$) 在 X_j 上也是一個柯西點列。又因為我們假設 X_j 是一個完備的度量空間,所以點列 $\{x_j^{(n)}\}$ 在 X_j 上會收斂到一個點 x_j。這個時候,再由條件 (I) 知道,點列 $\{x^{(n)}\} = \{(x_j^{(n)})\}$ 在 X 上也會收斂到點 $x = (x_1, \cdots, x_N)$。因此,(X, d) 是一個完備的度量空間。證明完畢。 □

由以上幾個定理我們可以推得底下的結果。

定理 7.27. 假設 E 是歐氏度量空間 $(\mathbb{R}^n, d)$(亦即 $d(x, y) = |x - y|$)的一個子集合。則 (E, d) 是一個完備的度量空間若且唯若 E 是 $\mathbb{R}^n$ 上的一個閉集。

證明： 首先，由定理 7.23 得到 $(\mathbb{R}, d)$ 是一個完備的度量空間。接著，再由定理 7.26 得到 $(\mathbb{R}^n, d)$ 也是一個完備的度量空間。最後，利用定理 7.24 和 7.25 就可以說明了。證明完畢。 □

接下來，若 E 是度量空間 X 的一個子集合。我們說集合 E 在 X 上是稠密的（dense），如果 E 在 X 上的閉包等於 X，亦即，$\overline{E} = X$。由閉包的定義，這表示如果 $p \in X \setminus E$，則點 p 是 E 的一個附著點。因此 E 是 X 上的一個稠密子集若且唯若 $\text{int}(X \setminus E) = \emptyset$。我們說集合 E 是無處稠密的（nowhere dense），如果 $\text{int}(\overline{E}) = \emptyset$，亦即，$E$ 在 X 上的閉包其內部是空集合。

定義 7.28. 我們說一個度量空間 (X, d_X) 是一個貝爾空間（Baire space），如果 X 滿足下列的條件：當給定 X 上任意可數個無處稠密的閉集 $\{E_n\}_{n=1}^{\infty}$，它們聯集 $\bigcup_{n=1}^{\infty} E_n$ 在 X 上的內部也是空集合，亦即，$\text{int}(\bigcup_{n=1}^{\infty} E_n) = \emptyset$。

貝爾（René-Louis Baire，1874–1932）是一位法國的數學家。

例 7.29. 在 $\mathbb{R}$ 上，有理數 $\mathbb{Q}$ 不是一個貝爾空間。因為每一個有理數 q 所形成的單點集合 $\{q\}$ 在 $\mathbb{Q}$ 上都是閉的，且其內部是空集合。但是它們的聯集等於 $\mathbb{Q}$。所以聯集的內部也是 $\mathbb{Q}$，不是空集合。

例 7.30. 在 $\mathbb{R}$ 上，正整數 $\mathbb{N}$ 是一個貝爾空間。因為 $\mathbb{N}$ 上的每一個子集合都是開的，也是閉的。所以內部是空集合的閉子集只有一個，就是空集合自己。也因此，貝爾空間的條件自動成立。

定理 7.31. 假設 (X, d_X) 是一個度量空間。則 X 是一個貝爾空間若且唯若對於任意給定可數個稠密的開集 $\{U_n\}_{n=1}^{\infty}$，其交集 $\bigcap_{n=1}^{\infty} U_n$ 也是 X 上一個稠密的子集合。

證明： 假設 X 是一個貝爾空間。若 $\{U_n\}_{n=1}^{\infty}$ 為 X 上任意給定可數

§7.2 完備性   117

個稠密的開集，則 $E_n = X \setminus U_n$ ($n \in \mathbb{N}$) 是 X 上一個無處稠密的閉集。因此，由假設得知

$$\emptyset = \text{int}(\bigcup_{n=1}^{\infty} E_n) = \text{int}(\bigcup_{n=1}^{\infty}(X \setminus U_n)) = \text{int}(X \setminus (\bigcap_{n=1}^{\infty} U_n))。$$

所以 $\bigcap_{n=1}^{\infty} U_n$ 是 X 上一個稠密的子集合。

反之，若 $\{E_n\}_{n=1}^{\infty}$ 為 X 上任意可數個無處稠密的閉集，則 $U_n = X \setminus E_n$ ($n \in \mathbb{N}$) 是 X 上一個稠密的開集。所以依據假設，$\bigcap_{n=1}^{\infty} U_n$ 是 X 上一個稠密的子集合。這也表示

$$\emptyset = \text{int}(X \setminus (\bigcap_{n=1}^{\infty} U_n)) = \text{int}(\bigcup_{n=1}^{\infty}(X \setminus U_n)) = \text{int}(\bigcup_{n=1}^{\infty} E_n)。$$

因此，X 是一個貝爾空間。證明完畢。   □

定理 7.32. (貝爾範疇定理 [Baire category theorem]) 假設 (X, d_X) 是一個完備的度量空間，U_n ($n \in \mathbb{N}$) 是 X 上可數個稠密的開集，則 $\bigcap_{n=1}^{\infty} U_n$ 也是 X 上一個稠密的子集合。也就是說，完備的度量空間是一個貝爾空間。

證明： 隨意在 X 上取一個點 p，和任意一個正數 ϵ。我們要證明 $B(p;\epsilon) \cap (\bigcap_{n=1}^{\infty} U_n) \neq \emptyset$。這就表示 $\bigcap_{n=1}^{\infty} U_n$ 在 X 上是稠密的。

因為 U_1 是一個稠密的開集，所以 $B(p;\epsilon) \cap U_1 \neq \emptyset$，也是一個開集。因此可以找到點 x_1，和足夠小的正數 r_1 滿足 $0 < r_1 < 1$，使得 $B(x_1;r_1) \subset \overline{B(x_1;r_1)} \subset B(p;\epsilon) \cap U_1$。接著，經由同樣的討論，我們也可以找到點 x_2，和足夠小的正數 r_2 滿足 $0 < r_2 < \frac{1}{2}$，使得 $B(x_2;r_2) \subset \overline{B(x_2;r_2)} \subset B(x_1;r_1) \cap U_2$。

所以當我們一直重複同樣的步驟，便會得到一個點列 $\{x_n\}_{n=1}^{\infty}$ 滿足下列之條件：對於 $n \geq 2$，

$$B(x_n;r_n) \subset \overline{B(x_n;r_n)} \subset B(x_{n-1};r_{n-1}) \cap U_n \text{，} \quad 0 < r_n < \frac{1}{n}。$$

因此，當 $j, k \geq n$ 時，$x_j, x_k \in B(x_n; r_n)$，得到

$$d(x_j, x_k) \leq d(x_j, x_n) + d(x_n, x_k) < \frac{1}{n} + \frac{1}{n} = \frac{2}{n}。$$

這說明了 $\{x_n\}_{n=1}^{\infty}$ 形成 X 上的一個柯西點列。這時候空間 X 的完備性便保證 $\{x_n\}$ 會收斂到 X 上的一個點 w。所以點 $w \in \overline{B(x_n; r_n)}$，$n \geq 1$。也因此，$w \in B(p; \epsilon) \cap (\bigcap_{n=1}^{\infty} U_n)$。證明完畢。 □

一個度量空間 X 若可以表示成 X 上可數個無處稠密閉集的聯集，我們便說 X 是屬於第一範疇（first category）。否則我們便說空間 X 是屬於第二範疇（second category）。依據這種說法，一個完備的度量空間是屬於第二範疇。

例 7.33. 由定理 7.27 知道 $\mathbb{R}^2 = \mathbb{R} \times \mathbb{R}$，在標準的歐氏度量 $d(x, y) = |x - y|$ 之下，是一個完備的度量空間。所以 $\mathbb{R}^2$ 是屬於第二範疇，它不可能表示成可數條直線的聯集。我們也可以用一種比較簡單的討論方式來回答此問題。

假設 $\mathbb{R}^2 = \bigcup_{n=1}^{\infty} L_n$，其中 L_n 為平面上的一條直線。這個時候我們可以找一條水平的直線 L，不妨假設 $L = \{y = 0\}$ 就是 x 軸，使得 $L \neq L_n$ 對於所有 $n \in \mathbb{N}$。因此，

$$L = L \cap \mathbb{R}^2 = \bigcup_{n=1}^{\infty} (L \cap L_n)。$$

因為 $L \neq L_n$ 對於所有 $n \in \mathbb{N}$，所以 $L \cap L_n = \emptyset$ 或 $\{p_n\}$，$\{p_n\}$ 為單點 p_n 所形成的集合。因此，等式的右邊至多也只是一個可數的集合。但是，直線 L 本身是一個不可數的集合。這是一個矛盾。所以 $\mathbb{R}^2$ 不可能寫成可數條直線的聯集。

§7.3 連續函數

在第 6 章第 3 節裡，我們使用 ϵ, δ 的論述，定義了實數系 $\mathbb{R}$ 上的連續函數。在這一節裡，我們準備模仿歐氏空間上的結構來定義度量空間之間函數的連續性，直接敘述如下。

定義 7.34. 假設 (X, d_X) 和 (Y, d_Y) 為兩個度量空間，$f : X \to Y$ 為一個自 X 到 Y 的函數，p 為 Y 上的一個點。我們說 f 在點 p 連續，如果對於任意給定的正數 ϵ，都能找到一個相對應的正數 $\delta = \delta(p, \epsilon)$，使得

$$d_Y(f(x), f(p)) < \epsilon，對所有 x \in X 滿足 d_X(x, p) < \delta 都成立。$$

如果 f 在 X 上的每一個點都連續，我們便說 f 在 X 上是一個連續函數。

由定義 7.34 可以理解，函數在點的連續性是一個局部的性質。一般而言，正數 $\delta(p, \epsilon)$ 是會隨著點 p 和 ϵ 而變動。我們用一個例子來說明。

例 7.35. 函數 $f(x) = \frac{1}{x}$ 在開區間 $(0, 1)$ 是連續的。若 $p \in (0, 1)$，對於任意給定的正數 ϵ（通常是選取小的正數），經由簡單的計算可以得到，

$$|f(x) - f(p)| < \epsilon，如果 x \in \left(\frac{p}{1 + \epsilon p}, \frac{p}{1 - \epsilon p}\right)。$$

因此，我們可以找到一個相對應的正數

$$\delta = \min\left\{p - \frac{p}{1 + \epsilon p}, \frac{p}{1 - \epsilon p} - p\right\} = \min\left\{\frac{\epsilon p^2}{1 + \epsilon p}, \frac{\epsilon p^2}{1 - \epsilon p}\right\} = \frac{\epsilon p^2}{1 + \epsilon p},$$

使得

$$|f(x) - f(p)| < \epsilon，對於 x \in (0, 1) 且 |x - p| < \delta 都成立，$$

亦即，滿足定義 7.34 的要求。此時注意到 δ 很明顯地會隨著點 p 和 ϵ 而變動。因此對於固定的 ϵ，當點 p 趨近於零的時候，δ 也會被迫趨近於零。所以 δ 的選取是沒有辦法一致的，會隨著點 p 而變動。

由於 δ 選取的一致性在很多實際的問題都是極具關鍵性，所以，在此我們把這樣的概念也寫成下列的定義。

定義 7.36. 假設 (X, d_X) 和 (Y, d_Y) 為兩個度量空間，$f: X \to Y$ 為一個自 X 到 Y 的函數。我們說 f 是一個均勻連續的函數，如果對於任意給定的正數 ϵ，都能找到一個相對應的正數 $\delta = \delta(\epsilon)$，使得

$$d_Y(f(x), f(y)) < \epsilon, 對所有 x, y \in X 滿足 d_X(x, y) < \delta 都成立。$$

定義 7.36 表示如果 f 是一個均勻連續的函數，則對於任意給定的一個正數 ϵ，我們都可以找到一個相對應的正數 $\delta = \delta(\epsilon)$，與點無關只和 ϵ 有關，使得上述估計恆成立。所以一個均勻連續的函數在每一個點都是連續的，且其連續性也是相當的一致。在下一節講述緊緻性的時候，我們會再對均勻連續函數做更進一步的討論。底下我們給出有關連續函數的一些等價敘述。值得注意的是在敘述 (iii) 和 (iv) 中，我們並未觸及任何和度量相關的詞彙，只用了開集和閉集等點集拓樸（point set topology）的概念。這是一個很重要的觀察，也是跟拓樸學的發展有著密切的關聯。在第 8 章我們會有更詳細的論述。

定理 7.37. 假設 (X, d_X) 和 (Y, d_Y) 為兩個度量空間，$f: X \to Y$ 為一個自 X 到 Y 的函數。則底下的敘述是彼此等價的。
(i) f 是 X 上的一個連續函數。
(ii) 對於 X 上的每一個點 p，如果 $\{x_n\}_{n=1}^{\infty}$ 為 X 上任意的一個點列收斂到 p，則 $\{f(x_n)\}$ 也會收斂到 $f(p)$。
(iii) $f^{-1}(V)$ 是 X 上的一個開集，對於 Y 上的任意一個開集 V 都

§7.3 連續函數

(iv) $f^{-1}(F)$ 是 X 上的一個閉集,對於 Y 上的任意一個閉集 F 都成立。

證明: 首先證明 (i) 和 (ii) 是等價的。

(i) $\Rightarrow$ (ii)。假設 (i) 成立。所以 f 在 X 上的每一個點 p 都是連續的。因此,若 p 為 X 上的一個點,則對於任意給定的正數 ϵ,都能找到一個相對應的正數 $\delta = \delta(p, \epsilon)$,使得

$d_Y(f(x), f(p)) < \epsilon$,對所有 $x \in X$ 滿足 $d_X(x, p) < \delta$ 都成立。

現在,若 $\{x_n\}$ 為 X 上一個收斂到 p 的點列,對於此正數 δ,依據點列收斂的定義,我們可以找到一個相對應的指標 $n_0 \in \mathbb{N}$,使得 $d_X(x_n, p) < \delta$,當 $n \geq n_0$ 都成立。這也表示,當 $n \geq n_0$ 時,$d_Y(f(x_n), f(p)) < \epsilon$。所以 $\{f(x_n)\}$ 收斂到 $f(p)$,亦即,(ii) 是成立的。

(ii) $\Rightarrow$ (i)。現在假設 (ii) 是成立的。如果 f 在 X 上的某個點 q 不是連續的,則存在一個正數 ϵ_0,對於任意正數 $\delta = \frac{1}{k}$ ($k \in \mathbb{N}$),我們都可以找到 X 上的一個點 x_k 滿足 $d_X(x_k, q) < \frac{1}{k}$,且使得 $d_Y(f(x_k), f(q)) \geq \epsilon_0$。這表示在 X 上存在一個點列 $\{x_k\}$ 收斂到 q,但是點列 $\{f(x_k)\}$ 卻不會收斂到 $f(q)$,與 (ii) 成立是互相矛盾的。所以,(i) 必須是成立的。因此,(i) 和 (ii) 是等價的。

接下來,我們證明 (i) 和 (iii) 是等價的。

(i) $\Rightarrow$ (iii)。先假設 (i) 成立,且 V 為 Y 上的一個開集。若 $p \in f^{-1}(V)$,則 $f(p) \in V$。因為 V 為 Y 上的一個開集,所以存在一個正數 ϵ,使得 $B_Y(f(p); \epsilon) \subset V$。又由於我們假設 f 在點 p 是連續的,所以存在一個相對應的正數 δ,使得 $d_Y(f(x), f(p)) < \epsilon$,對所有 $x \in X$ 滿足 $d_X(x, p) < \delta$ 都成立。也就是說,$B_X(p; \delta) \subset f^{-1}(V)$。所以,$f^{-1}(V)$ 是 X 上的一個開集。

(iii) $\Rightarrow$ (i)。反之,我們假設 (iii) 是成立的,且 p 為 X 上的

個點。對於任意正數 ϵ，$B_Y(f(p);\epsilon)$ 為 Y 上的一個開集。所以條件 (iii) 告訴我們 $U = f^{-1}(B_Y(f(p);\epsilon))$ 是 X 上的一個開集，且 $p \in U$。因此，存在一個正數 δ，使得 $B_X(p;\delta) \subset U$。所以，$f(B_X(p;\delta)) \subset B_Y(f(p);\epsilon)$。這就表示 (i) 是成立的。因此，(i) 和 (iii) 也是等價的。

至於 (iii) 和 (iv) 的等價性，只要使用集合論中補集的運算就可以得到了。證明完畢。 □

§7.4 緊緻性

在數學上，特別是在分析的領域裡，當我們知道某一個性質在局部上都成立時，我們常常會想知道這一個性質在全域上是不是也成立。也就是說，這樣的一個性質在全域上是不是均勻的或一致的？如果我們討論的背景空間是一個有限的集合，這個問題大致上是可以肯定的。但是對於一般的空間，則未必是對的。比如說，在上一節裡例 7.35 所給出的函數，其連續性就沒有辦法是均勻的。

所以在這一節裡我們要在度量空間上引進一個新的概念，就是所謂的緊緻性，它有助於我們來探討某些性質在全域上的均勻性。因此，在本節裡除了要介紹度量空間上的緊緻性之外，最重要的工作就是要對緊緻性做一個詳細的特徵化。也因此我們必須要做一些準備的工作。

假設 E 是度量空間 (X, d_X) 上的一個子集合，$\mathcal{F} = \{U_\alpha\}_{\alpha \in \Lambda}$ 是 X 上的一個開集族。如果 $E \subset \bigcup_{\alpha \in \Lambda} U_\alpha$，我們便說 $\mathcal{F}$ 是 E 的一個開覆蓋（open cover）。底下我們給出緊緻性的定義。

定義 7.38. 假設 E 是度量空間 (X, d_X) 上的一個子集合。如果對於 X 上 E 的每一個開覆蓋 $\mathcal{F}$ 裡都存在一個 E 的有限的子覆蓋（subcover），我們便說集合 E 是緊緻的（compact）。

比如在標準的歐氏度量空間 $\mathbb{R}$ 上，開區間 $(0,1) = \bigcup_{n=2}^{\infty}(0, 1-$

§7.4 緊緻性

$\frac{1}{n}$)。但是有限個這種開區間 $(0, 1 - \frac{1}{n})$ $(n \geq 2)$ 的聯集是無法等於 $(0,1)$ 的。所以開區間 $(0,1)$ 在 $\mathbb{R}$ 上不是一個緊緻的子集合。同樣地 $\mathbb{R} = \bigcup_{n=1}^{\infty}(-n,n)$。但是 $\mathbb{R}$ 也是無法用有限個這種開區間 $(-n,n)$ $(n \geq 1)$ 的聯集來得到。因此 $\mathbb{R}$ 也不是一個緊緻的子集合。主要是因為開區間 $(0,1)$ 在 $\mathbb{R}$ 上是有界的，但不是一個閉的子集合，而 $\mathbb{R}$ 是一個閉的子集合，但不是一個有界的子集合。稍後我們會看到在標準的歐氏度量空間 $\mathbb{R}^n$ 上，一個子集合的緊緻性其實是等價於這個集合必須是有界且閉的。

另外我們也給出下列的定義。

定義 7.39. 我們稱度量空間 X 是全域有界 (totally bounded)，如果對於任意給定的正數 ϵ，X 都可以被有限個半徑為 ϵ 的開球所覆蓋。我們稱度量空間 X 是有界的 (bounded)，如果存在一個正數 $m > 0$ 使得 $d_X(x,y) < m$，對於任意 $x, y \in X$ 都成立。

定理 7.40. 如果度量空間 X 是全域有界的，則 X 也是有界的。

證明： 我們可以選取 $\epsilon = 1$，則依據全域有界的定義，存在 m 個點 $x_1, \cdots, x_m$ 使得
$$X \subset \bigcup_{j=1}^{m} B(x_j; 1)。$$

令 $M = \max_{1 \leq j,k \leq m}\{d(x_j, x_k)\}$。因此，若 s, t 為 X 上之任意兩點，則存在兩點 x_j 和 x_k $(1 \leq j, k \leq m)$，使得 $s \in B(x_j; 1)$ 和 $t \in B(x_k; 1)$。所以
$$d(s,t) \leq d(s, x_j) + d(x_j, x_k) + d(x_k, t) \leq 2 + M。$$

這說明了空間 X 是有界的。證明完畢。 □

反過來說，如果度量空間 X 是有界的，則 X 未必是全域有界的。一個簡單的例子就是離散度量空間 $(\mathbb{R}, d)$，d 是離散度量。在這

個例子裡，任意兩點 x, y 的度量 $d(x, y) \leq 1$，所以它是有界的。但是，如果我們選取 $\epsilon = \frac{1}{2}$，則 $B(x; \frac{1}{2}) = \{x\}$。因此有限個這樣的開球是無法覆蓋整個實數系的。所以此離散度量空間 $(\mathbb{R}, d)$ 是有界的，但不是全域有界的。

定理 7.41. 如果 X 是一個全域有界的度量空間，則 X 的任意子空間 Y 也是全域有界的。

證明： 給定 $\epsilon > 0$，依據假設存在 X 上有限個點 $x_1, \cdots, x_m$ 使得

$$X = \bigcup_{j=1}^{m} B_X(x_j; \epsilon)。$$

由於 Y 是 X 的一個子空間，所以我們也可以假設

$$Y \cap B_X(x_j; \epsilon) \neq \emptyset, \quad 1 \leq j \leq n;$$
$$Y \cap B_X(x_j; \epsilon) = \emptyset, \quad n < j \leq m。$$

因此，可以選取 $y_j \in Y \cap B_X(x_j; \epsilon)$，其中 $1 \leq j \leq n$，使得

$$Y = \bigcup_{j=1}^{n} (Y \cap B_X(x_j; \epsilon)) \subset \bigcup_{j=1}^{n} (Y \cap B_X(y_j; 2\epsilon)) = \bigcup_{j=1}^{n} B_Y(y_j; 2\epsilon)。$$

這表示 Y 是全域有界的。證明完畢。 □

現在，如果回到標準的歐氏度量空間 $(\mathbb{R}^n, d)$，亦即 $d(x, y) = |x - y|$，對照定理 7.40，我們可以證得底下的定理。

定理 7.42. 假設 E 是歐氏空間 $(\mathbb{R}^n, d)$ 上的一個子集合。則 E 是全域有界的若且唯若 E 是有界的。

證明： 假設 E 是 $\mathbb{R}^n$ 上一個有界的子集合。對於給定的 $\epsilon > 0$，因為 E 是有界的，所以存在一個正整數 m 使得

$$E \subset [-m\epsilon, m\epsilon] \times \cdots \times [-m\epsilon, m\epsilon]。$$

§7.4 緊緻性

上式的右邊是 n 個閉區間 $[-m\epsilon, m\epsilon]$ 所形成的乘積空間，是 $\mathbb{R}^n$ 上的一個閉子集。如果 $E \cap ([k_1\epsilon, (1+k_1)\epsilon] \times \cdots \times [k_n\epsilon, (1+k_n)\epsilon]) \neq \emptyset$，其中 $-m \leq k_1, \cdots, k_n < m$ 且 $k_1, \cdots, k_n \in \mathbb{Z}$，我們可以選取一個點 $x(k_1, \cdots, k_n) \in E \cap ([k_1\epsilon, (1+k_1)\epsilon] \times \cdots \times [k_n\epsilon, (1+k_n)\epsilon])$。因此，

$$E \subset \bigcup_{x(k_1, \cdots, k_n)} B(x(k_1, \cdots, k_n); (1+\sqrt{n})\epsilon)。$$

這是一個有限的聯集。所以 E 是全域有界的。另一個方向則由定理 7.40 便可得到了。證明完畢。 □

另外，如果在度量空間 X 上有一個可數且稠密的子集合，我們便說此空間是可分離的（separable）。很明顯地，歐氏空間 $\mathbb{R}^n$ 是可分離的，我們只要考慮座標為有理數的點就可以了。有了空間可分離的定義之後，若再加上完備性的概念，在這裡我們就可以順便介紹所謂的「波蘭空間」（Polish space）。

定義 7.43. 在一個可分離的度量空間 (X, d_X) 上，如果存在一個度量 ρ 等價於 d_X，並且使得 (X, ρ) 形成一個完備的度量空間，我們便稱 (X, d_X) 為一個波蘭空間。

例 7.44. 標準的歐氏度量空間 $((0,1), d)$，亦即 $d(x,y) = |x-y|$，是一個波蘭空間。首先，開區間 $(0,1)$ 是可分離的。然後定義一個 $(0,1)$ 上的連續函數 f 如下：

$$f(x) = \frac{1}{\min\{x, 1-x\}}, \quad x \in (0,1)。$$

接著，我們定義一個開區間 $(0,1)$ 上新的度量

$$\rho(x,y) = d(x,y) + |f(x) - f(y)|。$$

不難看出在開區間 $(0,1)$ 上度量 ρ 等價於度量 d。現在，若 $\{x_n\}_{n=1}^\infty$ 為 $((0,1), \rho)$ 上的一個柯西點列，亦即，對於任意給定的正數 ϵ，存

在一個正整數指標 n_0 使得 $\rho(x_j, x_k) < \epsilon$，對於任意 $j, k \geq n_0$ 都成立。很明顯地，$\{x_n\}$ 也是 $((0,1), d)$ 上的一個柯西點列。因此，$\{x_n\}$ 在歐氏閉區間 $[0,1]$ 會收斂到 0、1 或 p，$0 < p < 1$。我們說 $\{x_n\}$ 不可能收斂到 0 或 1。因為如果 $\{x_n\}$ 收斂到 0，當我們固定一個點 x_j，ρ 的第二項會使得

$$\lim_{k \to \infty} \rho(x_j, x_k) = \infty \text{。}$$

也就是說，這樣的點列在 $((0,1), \rho)$ 上不可能是一個柯西點列。基於同樣的理由，$\{x_n\}$ 也不會收斂到 1。所以 $((0,1), \rho)$ 上的任何一個柯西點列都會收斂到一個點 p，$0 < p < 1$。因此，$((0,1), \rho)$ 為一個完備的度量空間，$((0,1), d)$ 則為一個波蘭空間。證明完畢。

底下是幾個直接和可分離性質相關的定理。

定理 7.45. 假設 (X, d_X) 是一個可分離的度量空間。則 X 上每一個子空間也都是可分離的。

證明： 假設 X 是一個可分離的度量空間，Y 是 X 上的一個子空間。令 $\{x_k\}_{k=1}^{\infty}$ 為 X 上的一個可數稠密子集。對於任意 $j \in \mathbb{N}$，考慮 $B(x_k; \frac{1}{j}) \cap Y$。這些交集有一部分是非空的。所以，當 $B(x_k; \frac{1}{j}) \cap Y \neq \emptyset$ 時，任意選取一個點

$$y_{kj} \in B(x_k; \frac{1}{j}) \cap Y \text{。}$$

因此，得到 Y 上的一個可數子集合 $\{y_{kj}\}$。我們說 $\{y_{kj}\}$ 在 Y 上是一個稠密子集。令 $y \in Y$。由於 $\{x_k\}$ 在 X 上稠密，所以存在一個 $x_k \in B(y; \frac{1}{j})$。因此，由以上的選取得到一個點 $y_{kj} \in B(x_k; \frac{1}{j}) \cap Y$，使得

$$d(y, y_{kj}) \leq d(y, x_k) + d(x_k, y_{kj}) < \frac{1}{j} + \frac{1}{j} = \frac{2}{j} \text{。}$$

所以，$\{y_{kj}\}$ 在 Y 上是稠密的。證明完畢。 □

§7.4 緊緻性

定理 7.46. 一個全域有界的度量空間是可分離的。

證明： 若 X 是一個全域有界的度量空間，則對於給定的 $\frac{1}{n}$（$n \in \mathbb{N}$），存在有限個點 $x_{n1}, \cdots, x_{nm_n}$ 使得 $X = \bigcup_{j=1}^{m_n} B(x_{nj}; \frac{1}{n})$。這些點 $\{x_{nj}\}_{n=1\,j=1}^{\infty\ \ m_n}$ 是可數的，且在 X 上形成一個稠密的子集合。主要是因為若 $x \in X$、$n \in \mathbb{N}$，則會存在一個點 x_{nj}（$1 \leq j \leq m_n$），使得 $x \in B(x_{nj}; \frac{1}{n})$，亦即，$x_{nj} \in B(x; \frac{1}{n})$。證明完畢。 □

如果在一個度量空間 X 上存在一個可數的開集基，我們便說 X 滿足第二可數公設（second axiom of countability）。

定理 7.47. 一個度量空間 X 滿足第二可數公設若且唯若 X 是可分離的。

證明： 若度量空間 X 是可分離的，則存在一個可數的稠密子集合 $\{x_k\}_{k=1}^{\infty}$。現在，令

$$\mathcal{B} = \left\{ B(x_k; \frac{1}{j}) \mid j, k \in \mathbb{N} \right\}.$$

則 $\mathcal{B}$ 是一個可數的開集族。我們說 $\mathcal{B}$ 也是一個開集基。因為若 $x \in X$、$j \in \mathbb{N}$，則會存在一個點 x_k，使得 $x_k \in B(x; \frac{1}{2j})$。因此，得到

$$x \in B(x_k; \frac{1}{2j}) \subset B(x; \frac{1}{j}).$$

所以 $\mathcal{B}$ 是一個開集基。也就是說，X 滿足第二可數公設。

反之，若 X 滿足第二可數公設，亦即，X 上存在一個可數的開集基 $\mathcal{B} = \{U_j \mid j \in \mathbb{N}\}$，我們可以在每一個 U_j 上任意選取一個點 x_j。不難看出，$\{x_j\}_{j=1}^{\infty}$ 形成一個稠密的子集合。所以 X 是可分離的。證明完畢。 □

定理 7.48.（林德勒夫定理） 假設度量空間 X 滿足第二可數公設，則 X 的每一個開覆蓋都有一個可數的子覆蓋。

林德勒夫（Ernst Leonard Lindelöf，1870–1946）是一位芬蘭的數學家。

證明： 假設度量空間 X 滿足第二可數公設，則在 X 上存在一個可數的開集基 $\mathcal{B} = \{U_j \mid j \in \mathbb{N}\}$。現在，若 $\mathcal{F} = \{V_\alpha \mid \alpha \in \Lambda\}$ 為 X 的一個開覆蓋，亦即，
$$X = \bigcup_{\alpha \in \Lambda} V_\alpha，$$
則對於每一個點 $x \in X$，存在一個 $\alpha \in \Lambda$ 使得 $x \in V_\alpha$。又因為 $\mathcal{B}$ 是一個開集基，所以 V_α 可以寫成一些 U_j 的聯集。因此，存在一個 j（記為 $j(x)$）使得 $x \in U_j \subset V_\alpha$。在這裡，我們必須特別強調可能會有無窮多個點 $x \in X$ 使得 $j(x) = j$ 對應於同一個 j。這個時候我們只要選取一個 V_α 滿足 $U_{j(x)} = U_j \subset V_\alpha$，對於這無窮多個點 x 都成立，就可以了。特別把這個 V_α 記為 $V_{\alpha(j)}$。因此，
$$X = \bigcup_{x \in X} U_{j(x)} = \bigcup_{x \in X, j(x) = j} V_{\alpha(j)}。$$
因為開集基 $\mathcal{B}$ 是可數的，所以 $\mathcal{F}_1 = \{V_{\alpha(j)}\}$ 是 $\mathcal{F}$ 的一個可數的子覆蓋。證明完畢。 □

有了以上的準備工作之後，我們便可以回到本節的主題，就是要在度量空間上特徵所謂的緊緻性。我們把它敘述成底下的定理。

定理 7.49. 在一個度量空間 (X, d_X) 上，下面的敘述是彼此互相等價的：
 (i) X 是緊緻的。
 (ii) 每一個 X 上的點列都有一個收斂的子點列，也就是說，X 是點列緊緻的（sequentially compact）。
 (iii) X 是全域有界且完備的。

§7.4 緊緻性

證明： (i) $\Rightarrow$ (ii)。假設 $\{t_j\}_{j=1}^{\infty}$ 為 X 上的一個點列。我們說在 X 上存在一個點 t 滿足 t 的每一個開鄰域 U 都會包含有無窮多個點 t_j (在這裡，t 的一個開鄰域 U 表示 U 是一個開集且包含 t)。如果不是的話，則對於每一個點 $x \in X$，存在一個半徑 r_x 使得 $B(x; r_x)$ 至多只包含有限個點 t_j。首先，由此得到

$$X = \bigcup_{x \in X} B(x; r_x)。$$

因為 (i) 假設 X 是緊緻的，所以存在 X 上有限個點 $x_1, \cdots, x_m$ 使得

$$X = \bigcup_{j=1}^{m} B(x_j; r_{x_j})。$$

由於每一個開球 $B(x_j; r_{x_j})$ 至多只包含有限個點 t_j，這和點列 $\{t_j\}$ 有無窮多個點相互矛盾。所以，X 上存在一個點 t 滿足它的每一個開鄰域都會包含有無窮多個點 t_j。

因此，對於任意正整數 $k \in \mathbb{N}$，我們都可以找到一個點 $t_{j_k} \in B(t; \frac{1}{k})$。我們也可以假設 $j_k < j_{k+1}$，對於任意正整數 k 都成立。很明顯地，$\{t_{j_k}\}$ 是 $\{t_j\}$ 的一個子點列收斂到 t。所以，由 (i) 證得 (ii)。

(ii) $\Rightarrow$ (iii)。對於任意給定的正數 ϵ，隨意選取一個點 $x_1 \in X$。如果 $X \subset B(x_1; \epsilon)$，則證明完畢。否則，再隨意選取一個點 $x_2 \notin B(x_1; \epsilon)$。如果 $X \subset \bigcup_{j=1}^{2} B(x_j; \epsilon)$，也證明完畢。我們說這樣的步驟在重複有限多次之後必須停住，亦即，

$$X \subset \bigcup_{j=1}^{m} B(x_j; \epsilon)。$$

如果不是的話，我們可以再隨意選取一個點 $x_{m+1} \notin \bigcup_{j=1}^{m} B(x_j; \epsilon)$。如此就會生成一個 X 上的無窮點列 $\{x_j\}_{j=1}^{\infty}$ 具有 $d(x_j, x_k) \geq \epsilon$ 的性質，當 $j \neq k$ 時都成立。因為此點列 $\{x_j\}$ 的任意子點列都不會收

斂，違反 (ii) 的假設。所以，X 必須被有限個開球 $\{B(x_j;\epsilon)\}_{j=1}^{m}$ 覆蓋住。這表示 X 是全域有界的。

至於完備性，若 $\{y_j\}_{j=1}^{\infty}$ 為 X 上的一個柯西點列，則依據 (ii) 的假設，在點列 $\{y_j\}$ 裡存在一個收斂的子點列，收斂到 X 上的一個點 p。接著由定理 7.22 知道點列 $\{y_j\}$ 也會收斂到點 p。因此，X 是完備的。所以，由 (ii) 證得 (iii)。

(iii) $\Rightarrow$ (ii)。假設度量空間 X 是全域有界且完備的，$\{x_{1j}\}_{j=1}^{\infty}$ 為 X 上的一個無窮點列。由於我們準備使用康托爾對角線論述法來選取一個收斂的子點列，所以特別注意到雙下標的使用。現在，因為 X 是全域有界的，我們可以用有限個半徑為 $\frac{1}{2}$ 的開球 $B_{\frac{1}{2}}$ 覆蓋住 X。這表示某一個開球 $B_{\frac{1}{2}}$ 必須包含點列 $\{x_{1j}\}$ 中無窮多個點。我們把此開球 $B_{\frac{1}{2}}$ 中這無窮多個點記為 $\{x_{2j}\}_{j=1}^{\infty}$。注意到點列 $\{x_{2j}\}$ 為點列 $\{x_{1j}\}$ 的一個子點列。我們也可以要求點列 $\{x_{2j}\}$ 的順序就是原先它們在點列 $\{x_{1j}\}$ 中的順序，亦即，在點列 $\{x_{1j}\}$ 中點 x_{2j} 還是排在點 $x_{2(j+1)}$ 的前面。

有了這樣的共識之後，接著我們可以用有限個半徑為 $\frac{1}{3}$ 的開球 $B_{\frac{1}{3}}$ 覆蓋住 X。當然其中會有一個開球 $B_{\frac{1}{3}}$ 包含點列 $\{x_{2j}\}$ 中無窮多個點，記為 $\{x_{3j}\}_{j=1}^{\infty}$。這樣的步驟依法類推，我們便可以得到可數個點列 $\{x_{kj}\}_{j=1}^{\infty}$（其中 $k \in \mathbb{N}$）滿足

(1) 點列 $\{x_{kj}\}$ 為點列 $\{x_{(k-1)j}\}$ 的一個子點列，且保持順序，
(2) 點列 $\{x_{kj}\}$ 整個包含於一個半徑為 $\frac{1}{k}$ 的開球 $B_{\frac{1}{k}}$ 內。

現在，我們使用康托爾對角線論述法來構造一個新的點列，亦即，我們從這些可數個點列 $\{x_{kj}\}$ 中選取雙下標位於對角線上的點 $\{x_{nn}\}_{n=1}^{\infty}$ 來形成一個新的點列。注意到點列 $\{x_{nn}\}$，除了前面的 $n-1$ 項外，是點列 $\{x_{nj}\}$ 的子點列，更具體地說，點列 $\{x_{nn}\}$ 是原先點列 $\{x_{1j}\}$ 的一個子點列；並且當 $n \geq k$ 時，點 x_{nn} 都屬於同一個半徑為 $\frac{1}{k}$ 的開球 $B_{\frac{1}{k}}$。很明顯地，這表示點列 $\{x_{nn}\}$ 是一個柯西點列。又因為我們假設度量空間 X 是完備的，所以點列 $\{x_{nn}\}$ 會收

§7.4 緊緻性

斂到 X 上的一個點 p。也就是說，X 上的每一個點列都有一個收斂的子點列。因此，由 (iii) 可以證得 (ii)。

上面的證明告訴我們敘述 (ii) 和 (iii) 是等價的。最後我們要證明從 (ii) 或 (iii) 也可以得到 (i)。

(ii) 或 (iii) $\Rightarrow$ (i)。假設 $\mathcal{F} = \{V_\alpha \mid \alpha \in \Lambda\}$ 是度量空間 X 上的一個開覆蓋。首先，因為我們假設 X 是全域有界的，所以由定理 7.46 得知 X 是可分離的。接著，再由定理 7.47 得知 X 滿足第二可數公設。也因此定理 7.48（林德勒夫定理）告訴我們可以假設開覆蓋 $\mathcal{F} = \{V_j \mid j \in \mathbb{N}\}$ 是可數的，亦即，

$$X = \bigcup_{j=1}^{\infty} V_j 。$$

現在我們說存在一個正整數 m_0 使得

$$X = \bigcup_{j=1}^{m_0} V_j 。$$

這表示 $\mathcal{F}$ 裡存在一個 X 上有限的子覆蓋。證明也就完成了。如果不存在這樣的正整數，則表示對於任意正整數 m，我們都可以找到一個點 $x_m \in X \setminus (\bigcup_{j=1}^{m} V_j)$。因此，$\{x_m\}$ 形成 X 上的一個點列。假設 (ii) 保證點列 $\{x_m\}$ 中存在一個收斂的子點列，收斂到一個點 p。又因為 $X \setminus (\bigcup_{j=1}^{m} V_j)$ 是一個閉集，所以 $p \in X \setminus (\bigcup_{j=1}^{m} V_j)$，對於每一個正整數 m 都成立。因此，

$$p \in X \setminus (\bigcup_{j=1}^{\infty} V_j) 。$$

這是一個矛盾。所以 $\mathcal{F}$ 裡存在一個 X 上有限的子覆蓋。這也表示由 (ii) 或 (iii) 可以證得 (i)。

至此定理 7.49 中三個敘述彼此等價的證明就完成了。證明完畢。 □

在這裡如果我們回到標準的歐氏度量空間 $\mathbb{R}^n$，若 E 是 $\mathbb{R}^n$ 上的一個子集合，則首先由定理 7.27 得知，E 的完備性等價於 E 是一個閉集合。接著，再由定理 7.42 知道，E 是全域有界的等價於 E 是有界的。如此，我們便可以把定理 7.49 重新敘述成下列非常有名且實用的定理。

定理 7.50.（海涅–博雷爾定理） 若 E 是 $\mathbb{R}^n$ 上的一個子集合，在標準的歐氏度量之下，則下面的敘述是彼此互相等價的：
(i) E 是緊緻的。
(ii) 每一個 E 上的點列都有一個收斂的子點列。
(iii) E 是有界且閉的。

海涅（Eduard Heine，1821–1881）是一位德國的數學家。博雷爾（Émile Borel，1871–1956）是一位法國的數學家。

在結束本節前，最後我們證明下面有關連續函數在緊緻集合上均勻連續的性質。

定理 7.51.（海涅定理） 假設 X 和 Y 為兩個度量空間，$f : X \to Y$ 為一個連續函數。若 X 為一個緊緻空間，則 f 為 X 上的一個均勻連續函數。

證明： 因為 f 為一個連續函數，所以對於任意給定之正數 ϵ 和 $x \in X$，存在一個 $r_x > 0$ 使得

$$d_Y(f(x), f(y)) < \epsilon，對所有 y \in X 滿足 d_X(x,y) < r_x 都成立。$$

同時，我們也得到

$$X = \bigcup_{x \in X} B_X(x; \frac{r_x}{2})。$$

再由假設 X 為一個緊緻的空間，所以存在有限個點 $x_1, \cdots, x_m$

使得
$$X = \bigcup_{j=1}^{m} B_X(x_j; \frac{r_{x_j}}{2})。$$

現在，令 $\delta = \min_{1 \leq j \leq m}\{\frac{r_{x_j}}{2}\}$。因此，若 x, y 為 X 上的任意兩點滿足 $d_X(x, y) < \delta$，則首先 $x \in B_X(x_j; \frac{r_{x_j}}{2})$ 對某一個 j ($1 \leq j \leq m$) 成立。這表示 $d_X(x_j, x) < \frac{r_{x_j}}{2} < r_{x_j}$。接著估計

$$d_X(x_j, y) \leq d_X(x_j, x) + d_X(x, y) < \frac{r_{x_j}}{2} + \delta \leq r_{x_j}。$$

所以

$$d_Y(f(x), f(y)) \leq d_Y(f(x), f(x_j)) + d_Y(f(x_j), f(y)) < \epsilon + \epsilon = 2\epsilon。$$

這說明了 f 為 X 上的一個均勻連續函數。證明完畢。 □

§7.5　後語

在本章我們對度量空間做了簡單的介紹，讓讀者對度量空間有一個初步的瞭解與認識。在下一章裡我們會把度量空間再做某種層次的推廣到所謂的「拓樸空間」。因此有些論述的主題會再度出現，讀者也會有不同的感受。另外，有些議題則直接在下一章裡講述，比如說，空間的連通性。

§7.6　參考文獻

[1] T. M. Apostol, *Mathematical Analysis*, 2nd ed., Addison-Wesley, Reading, MA, 1974.

[2] T. W. Gamelin and R. E. Greene, *Introduction to Topology*, 2nd ed., Dover Publications, Mineola, NY, 1999.

第 8 章
什麼是拓樸學？

§8.1　前言

　　在第 7 章裡我們引進了所謂的度量空間，推導了一些度量空間上重要的性質，比如說，完備性和緊緻性。同時，也討論了它們之間連續函數的一些性質。這對於我們在分析上的探討很有實質的意義。在這一章裡，我們希望能把距離的概念再做延伸。我們發現在度量空間裡「逼近」的概念，可以在公設化的架構下，來做適度的推廣。也就是說，在度量空間裡我們所推導的很多性質，其實只要有開集合的概念就可以得到，並不需要有距離的觀念。所以，開集的引進在這裡扮演著一個很重要的關鍵，也因此產生了所謂的拓樸空間和拓樸學。在數學上，這種往更廣義推展的思維，往往能對問題做一個整合和簡化。就好比讀者可能已看出來，度量空間的引進，相較於歐氏空間，已經對數學的分析做了不少概念上的整合。

　　因此在一個拓樸空間裡，我們有開集合的結構，也因此可以定義連續的概念。函數的連續性在數學上是一個非常重要的觀念。是以所謂的拓樸學，簡單地說，就是在探討數學裡在連續變換之下不變的性質。所以，從拓樸學的角度而言，我們無法分辨咖啡杯和甜甜圈，因為它們是同胚的（homeomorphic），屬於同一類的拓樸空

間。

§8.2 拓樸空間

在本節裡，我們首先定義所謂的拓樸空間（topological space）。這種公設化的定義主要來自於我們對度量空間的瞭解，所以我們直接敘述如下。

定義 8.1. 假設 X 是一個集合。我們說一個子集合族 $\mathcal{T}$ 是 X 上的一個拓樸（topology），如果 $\mathcal{T}$ 具有下列的性質：
 (i) X 和空集合 $\emptyset$ 都在 $\mathcal{T}$ 裡面。
 (ii) $\mathcal{T}$ 中任意多個子集合的聯集也在 $\mathcal{T}$ 裡面。
 (iii) $\mathcal{T}$ 中有限多個子集合的交集也在 $\mathcal{T}$ 裡面。

因此，所謂一個拓樸空間，我們指的是一個配對 $(X, \mathcal{T})$，其中 X 是一個集合，$\mathcal{T}$ 是 X 上的一個子集合族滿足定義 8.1 中所列的性質。很明顯地，度量空間上的度量所定義出來的開集合滿足定義 8.1 中所列的性質。所以度量空間是拓樸空間一個很重要的例子。因此，我們也把 $\mathcal{T}$ 中的子集合稱作 X 上的開集合，簡稱開集。有時候當一個拓樸空間上的拓樸很清楚時，我們在講的時候就不會刻意再把此拓樸寫出來。

同時由拓樸空間的定義來看，在一個集合 X 上，一般而言，是可以定義無窮多種拓樸。其中兩種拓樸是比較極端的。一種拓樸 $\mathcal{T}$ 是由 X 上所有的子集合所形成，稱作離散拓樸（discrete topology）。另一種拓樸 $\mathcal{T} = \{X, \emptyset\}$，稱作非離散拓樸（indiscrete topology）。這兩種極端的拓樸往往可以在不同的情況下提供很好的例子與說明。

首先，在此我們必須釐清拓樸空間與度量空間的區別。是不是每一個拓樸空間都是一個度量空間？亦即，我們是不是能夠在一個拓樸空間上定義一個度量，使得由此度量所得到的開集就是原先給

§8.2 拓樸空間

定的拓樸？或者是說，一個拓樸空間是否能度量化？

這個答案當然是不一定。也就是說，拓樸空間所涵蓋的範圍的確要比度量空間大很多。比如說，離散拓樸是可以度量化的。我們只要定義度量 $d(x,y) = 1$ 對於任意 $x, y \in X$ 滿足 $x \neq y$，且 $d(x,x) = 0$ 對於任意 $x \in X$，都成立就可以了。但是當 X 中的元素最少有兩點時，X 上的非離散拓樸就不能度量化。原因如下：假設 d 為 X 上的一個度量，且 $x, y \in X$ 滿足 $x \neq y$，則 $d(x,y) = r > 0$。因此，$U = B(x; \frac{r}{2})$ 是一個包含 x 的開集且 $U \neq X$。所以，X 上的非離散拓樸就不能度量化。

經由定義 8.1，我們在拓樸空間 X 上引進了所謂開集的概念。有了開集之後，相對地我們也可以定義 $S \subset X$ 為 X 上的閉集，如果 $X \setminus S$ 是一個開集。因此，透過集合論上以英國數學家德摩根 (Augustus De Morgan，1806–1871) 為名的德摩根法則 (De Morgan's laws)，X 上的閉集會滿足下列的性質：

(i) X 和空集合 $\emptyset$ 都是閉集。
(ii) X 中任意多個閉集的交集也是閉集。
(iii) X 中有限多個閉集的聯集也是閉集。

現在假設 S 為拓樸空間 X 上的一個子集合。我們說 $p \in S$ 為 S 的一個內點 (interior point)，如果存在一個開集 U 使得 $p \in U \subset S$ 恆成立。S 中所有內點所形成的集合稱為 S 的內部 (interior)，記為 $\text{int}(S)$。很明顯地，我們有

$$\text{int}(S) \subset S。$$

定理 8.2. 假設 S 為拓樸空間 X 的一個子集合。S 為一個開集若且唯若 $S = \text{int}(S)$。

證明： 若 S 為一個開集，則 S 裡每一個點都是內點，所以 $S = \text{int}(S)$。反之，若 $S = \text{int}(S)$，則對於任意 $p \in S$，都存在一個開集 U_p 使得 $p \in U_p \subset S$。因此，依據定義 8.1 中的條件 (ii)，$S =$

$\bigcup_{p \in S} U_p$ 也是一個開集。證明完畢。 □

一個包含點 p 的開集 U，有時候我們也把它稱作 p 的開鄰域。接著，我們定義所謂的附著點 (adherent point)。我們說拓樸空間 X 中的一個點 p 附著於一個子集合 S，如果包含 p 的每一個開集 U 都滿足 $U \cap S \neq \emptyset$。因此，集合 S 中的每一個點都附著於 S。我們也把 X 中所有附著於 S 的點所形成的集合，稱作 S 的閉包 (closure)，記作 $\overline{S}$。因此，$S \subset \overline{S}$。

定理 8.3. 假設 S 為拓樸空間 X 的一個子集合。S 為一個閉集若且唯若 $S = \overline{S}$。

證明： 若 S 為一個閉集且 $p \notin S$，則 $X \setminus S$ 是一個開集，因而存在一個開集 U 包含 p 且 $U \cap S = \emptyset$。因此，$\overline{S} \subset S$。所以，$S = \overline{S}$。反之，若 $S = \overline{S}$，則對於每一個點 $p \notin S$，都存在一個開集 U 包含 p 且 $U \cap S = \emptyset$。這說明了 $X \setminus S$ 是一個開集，所以 S 為一個閉集。證明完畢。 □

定理 8.4. 假設 S 為拓樸空間 X 的一個子集合。則 $\overline{S}$ 為一個閉集。

證明： 若 $p \notin \overline{S}$，則存在一個開集 U 包含 p 且 $U \cap S = \emptyset$。很明顯地，由於這個論述也適用於 U 中任意其他點，這也表示了 $U \cap \overline{S} = \emptyset$。所以，$X \setminus \overline{S}$ 是一個開集。因此，$\overline{S}$ 是一個閉集。證明完畢。 □

底下，我們要把度量空間中收斂的概念推廣到拓樸空間。

定義 8.5. 假設 $\{x_n\}_{n=1}^{\infty}$ 為拓樸空間 X 中的一個點列。我們說 $\{x_n\}$ 收斂到 X 中的一個點 p，如果對於任意一個包含 p 的開集 U，都存在一個正整數 n_0，使得 $x_n \in U$，對於任意 $n \geq n_0$ 恆成立。

注意到正整數 n_0 是會隨著不同 U 的選取而變動。另外在討論

§8.2 拓樸空間

度量空間時，我們知道 p 是閉包 $\overline{S}$ 中的一個點若且唯若 p 是 S 中某個點列的收斂點。但是在拓樸空間上，我們只能證明其中一個方向是成立的。

定理 8.6. 假設 S 為拓樸空間 X 的一個子集合，p 為 X 上的一個點。若在 S 中存在一個點列 $\{x_n\}$ 收斂到 p，則 p 屬於閉包 $\overline{S}$。

證明： 依據點列收斂的定義，若點列 $\{x_n\}$ 收斂到 p，表示對於任意一個包含 p 的開集 U，我們都可以找到一個正整數 n_0，使得 $x_n \in U$，當 $n \geq n_0$ 恆成立。又因為 $x_n \in S$，這表示 $U \cap S \neq \emptyset$。所以，$p \in \overline{S}$。證明完畢。 □

但是在拓樸空間裡，閉包 $\overline{S}$ 中的點卻不一定是 S 裡某個點列的收斂點。底下我們介紹所謂的餘可數拓樸空間（cocountable topology），並對此現象做一說明。

例 8.7.（餘可數拓樸空間） 假設 X 為一個集合，定義

$$\mathcal{T} = \{\emptyset\} \cup \{U \subset X \mid X \setminus U \text{ 至多是一個可數的集合}\}。$$

則 $(X, \mathcal{T})$ 形成一個所謂的餘可數拓樸空間。在這裡，我們特別把空集合 $\emptyset$ 寫出來，用來保證 $\emptyset \in \mathcal{T}$，因為 $X = X \setminus \emptyset$ 可能會有不可數無窮多個元素。另外，$\emptyset = X \setminus X$。所以，$X, \emptyset \in \mathcal{T}$，滿足定義 8.1 中的條件 (i)。

現在若有開集合 $\{U_\alpha\}_{\alpha \in \Lambda}$，其中 Λ 是一個指標集，我們得到

$$X \setminus \bigcup_{\alpha \in \Lambda} U_\alpha = \bigcap_{\alpha \in \Lambda} (X \setminus U_\alpha)。$$

因為對於任何一個 $\alpha \in \Lambda$，$X \setminus U_\alpha$ 至多是一個可數的集合，所以其子集合至多也只是一個可數的集合。因此，$\mathcal{T}$ 滿足定義 8.1 中的條件 (ii)。

至於定義 8.1 中的條件 (iii) 也可以類似地證明如下：

$$X \setminus \bigcap_{j=1}^{n} U_{\alpha_j} = \bigcup_{j=1}^{n} (X \setminus U_{\alpha_j})。$$

有限個可數集合的聯集也是一個可數的集合。這說明了 $(X, \mathcal{T})$ 形成一個拓樸空間。

現在，我們取 $X = \mathbb{R}$，並在 $\mathbb{R}$ 上給予餘可數拓樸 $\mathcal{T}$。考慮子集合 $S = [0,1]$。因此若 p 為 $\mathbb{R}$ 上任意的一個點，U 為任意一個包含 p 的開集，因為 $S = [0,1]$ 是不可數的，所以 $U \cap [0,1] \neq \emptyset$。這表示 $\mathbb{R}$ 上任意一個點都附著於 S。因此 S 的閉包 $\overline{S} = \mathbb{R}$。但是，當 $p \notin S$，點 p 不可能是 S 裡某一個收斂點列的收斂點。因為如果在 S 中存在一個收斂的點列 $\{x_n\}_{n=1}^{\infty}$ 收斂到 p，則 $U = \mathbb{R} \setminus \{x_n \mid n \in \mathbb{N}\}$，依據餘可數拓樸的定義，為一個包含 p 的開集。但是卻沒有一個點 x_n 屬於 U。這是一個矛盾。同時也說明了閉包 $\overline{S}$ 上的點並不一定可以從 S 中的點列經由收斂得到。這又是一個和度量空間上不一樣的現象。

接著，我們再介紹另外一個類似定義的拓樸空間，稱作餘有限拓樸空間（cofinite topology）。這類餘有限拓樸空間提供了一個很好的例子，用以解釋很多拓樸空間上的現象。

例 8.8.（餘有限拓樸空間） 假設 X 為一個集合，定義

$$\mathcal{T} = \{\emptyset\} \cup \{U \subset X \mid X \setminus U \text{ 至多是一個有限的集合}\}。$$

則 $(X, \mathcal{T})$ 形成一個所謂的餘有限拓樸空間。同樣地在這裡，我們特別把空集合 $\emptyset$ 寫出來。主要是用來保證 $\emptyset \in \mathcal{T}$，因為 $X = X \setminus \emptyset$ 可能會有無窮多個元素。另外，$\emptyset = X \setminus X$。所以，$X, \emptyset \in \mathcal{T}$，滿足定義 8.1 中的條件 (i)。

§8.2 拓樸空間

現在若有開集合 $\{U_\alpha\}_{\alpha \in \Lambda}$，其中 Λ 是一個指標集，我們得到

$$X \setminus \bigcup_{\alpha \in \Lambda} U_\alpha = \bigcap_{\alpha \in \Lambda}(X \setminus U_\alpha)$$

至多是一個有限集合。所以，$\mathcal{T}$ 滿足定義 8.1 中的條件 (ii)。

至於定義 8.1 中的條件 (iii) 也可以類似地證明如下：

$$X \setminus \bigcap_{j=1}^{n} U_{\alpha_j} = \bigcup_{j=1}^{n}(X \setminus U_{\alpha_j})$$

至多是一個有限集合。這說明了 $(X,\mathcal{T})$ 形成一個拓樸空間。

我們現在可以在區間 $[0,1]$ 上定義餘有限拓樸 $\mathcal{T}$，並且隨意選取一個點列 $\{x_n\}_{n=1}^{\infty}$，使得 $x_i \neq x_j$ 當 $i \neq j$ 時恆成立。我們會發現一個有趣的現象，在此拓樸之下，這個點列竟然可以收斂到區間 $[0,1]$ 上任何一個點。因為如果 p 是 $[0,1]$ 上任意一個點，U 是包含 p 的一個開集，則依據餘有限拓樸的定義，U 必須包含所有的點 x_n 滿足 $n \geq n_0$，其中 n_0 為一個正整數。因此，依據定義 8.5，點列 $\{x_n\}$ 收斂到 p。同時，我們也觀察到區間 $[0,1]$ 上的任意點 q 都附著於此點列 $\{x_n\}$，所以此點列的閉包 $\overline{\{x_n\}} = [0,1]$。這也表示點列 $\{x_n\}$ 在區間 $[0,1]$ 上是稠密的。在拓樸空間裡稠密的定義是和度量空間上一樣的。

上面的例子多少也顯示餘有限拓樸所定義的開集並不夠多，以至於無法區分點列的極限點。為了解決此問題德國數學家、也是拓樸學的創始人之一豪斯多夫（Felix Hausdorff，1868–1942）提出一個分離的假設。現在我們都把滿足此分離性質的拓樸空間稱作豪斯多夫空間（Hausdorff space）。

定義 8.9. 我們稱一個拓樸空間 X 為一個豪斯多夫空間或 T_2 空間，如果對於 X 裡任意相異兩點 p, q，都存在開集 U 和 V，使得 $p \in U$、$q \in V$ 且 $U \cap V = \emptyset$。

定理 8.10. 在一個豪斯多夫空間裡一個點列的收斂點是唯一的。

證明： 假設 X 為一個豪斯多夫空間，存在點列 $\{x_n\}_{n=1}^{\infty}$ 收斂到 p 和 q。如果 $p \neq q$，則依據豪斯多夫空間的定義，存在開集 U 和 V，使得 $p \in U$、$q \in V$ 且 $U \cap V = \emptyset$。又因為 p 和 q 皆為 $\{x_n\}$ 的收斂點，因此存在一個正整數 n_0，使得 $x_n \in U \cap V$，當 $n \geq n_0$ 時恆成立。這是一個矛盾。所以在一個豪斯多夫空間裡一個點列的收斂點是唯一的。證明完畢。 □

定理 8.11. 任意度量空間 (M, d_M) 都是豪斯多夫空間。

證明： 假設 p, q 為 M 上相異兩點。因此，$d_M(p, q) = r > 0$。所以可以取開集 $U = B(p; \frac{r}{3})$ 和 $V = B(q; \frac{r}{3})$。這樣便滿足定義 8.9 的要求。證明完畢。 □

對於一般的拓樸空間，定理 8.11 是不成立的。

定理 8.12. 當 X 有無窮多個元素時，則所形成的餘有限拓樸空間就不會是一個豪斯多夫空間，也不能度量化。

證明： 假設 p, q 為 X 上相異兩點。若存在兩個開鄰域 U_p 和 U_q，使得 $p \in U_p$、$q \in U_q$ 且 $U_p \cap U_q = \emptyset$。則依據餘有限拓樸的定義和 X 有無窮多個元素的假設，得知 U_p 有無窮多個元素。又因為 $U_p \cap U_q = \emptyset$，所以，$U_p \subset X \setminus U_q$ 是一個有限集合。這是一個矛盾。因此當 X 有無窮多個元素時，所形成的餘有限拓樸空間不是一個豪斯多夫空間，也不能度量化。證明完畢。 □

現在假設 $(X, \mathcal{T})$ 為一個拓樸空間，S 為 X 的一個子集合。我們可以定義 S 上的一個子集合族如下：

$$\mathcal{J} = \{U \cap S \mid U \in \mathcal{T}\}$$

§8.2 拓樸空間

不難看出 $(S, \mathcal{J})$ 會形成一個拓樸空間。又因為 $(S, \mathcal{J})$ 上面的拓樸 $\mathcal{J}$ 是來自於拓樸空間 $(X, \mathcal{T})$ 的拓樸 $\mathcal{T}$，所以，一般而言，我們會把此 S 上的拓樸 $\mathcal{J}$ 稱作相對拓樸 (relative topology)，把拓樸空間 $(S, \mathcal{J})$ 稱作 $(X, \mathcal{T})$ 的拓樸子空間。

因此，V 是拓樸空間 $(S, \mathcal{J})$ 上的一個開集若且唯若 $V = U \cap S$，其中 U 是拓樸空間 $(X, \mathcal{T})$ 上的一個開集，亦即，$U \in \mathcal{T}$。在此必須注意到 S 上的相對開集未必是 $(X, \mathcal{T})$ 上的一個開集。至於閉集，我們也有類似的敘述。

定理 8.13. 假設 $(S, \mathcal{J})$ 是 $(X, \mathcal{T})$ 的一個拓樸子空間，且 E 是 S 的一個子集合。則 E 是 S 上的一個閉集若且唯若 $E = F \cap S$，其中 F 是拓樸空間 $(X, \mathcal{T})$ 上的一個閉集。

證明： 若 E 是 S 上的一個閉集，則 $S \setminus E$ 是 S 上的一個開集。因此，$S \setminus E = U \cap S$，其中 U 是 X 上的一個開集。所以，

$$E = S \setminus (S \setminus E) = S \setminus (U \cap S) = (X \setminus U) \cap S,$$

其中 $X \setminus U$ 是 X 上的一個閉集。

反之，若 $E = F \cap S$，其中 F 是 X 上的一個閉集。則 $F = X \setminus U$，U 是 X 上的一個開集。所以，

$$S \setminus E = S \setminus (F \cap S) = (X \setminus F) \cap S = U \cap S,$$

是 S 上的一個開集。這說明了 E 是 S 上的一個閉集。 □

底下的結果也是很直接的。

定理 8.14. 假設 $(S, \mathcal{J})$ 是 $(X, \mathcal{T})$ 的一個拓樸子空間，且 E 是 S 的一個子集合。則 E 在 S 上的相對閉包為 $\overline{E} \cap S$，其中 $\overline{E}$ 是 E 在 X 上的閉包。

證明： 如果 p 是 S 上的一個點，則 p 在 S 上的每一個開鄰域 V 都可以寫成 $V = U \cap S$，U 是 p 在 X 上的一個開鄰域。反之亦然。因此，依據閉包的定義，如果 p 是 S 上附著於 E 的一個點，則 $V \cap E \neq \emptyset$。所以，$U \cap E = (U \cap S) \cap E = V \cap E \neq \emptyset$。這表示 p 也是屬於 E 在 X 上的閉包。反過來說，若 $p \in S$ 且 U 是 p 在 X 上的一個開鄰域，如果 p 是 X 上附著於 E 的一個點，則 $U \cap E \neq \emptyset$。由此反推回去，得 $V \cap E \neq \emptyset$。這也表示 p 是屬於 E 在 S 上的閉包。證明完畢。 □

在這一節裡，最後我們定義一個子集合 S 在拓樸空間 X 上的邊界。我們說 X 上的一個點 p 是 S 的一個邊界點，如果 p 在 X 上的每一個開鄰域 U 都滿足 $U \cap S \neq \emptyset$ 和 $U \cap (X \setminus S) \neq \emptyset$。這表示 $p \in \overline{S}$ 且 $p \in \overline{X \setminus S}$。我們稱所有 S 的邊界點所形成的集合為 S 的邊界，記為 ∂S。因此，

$$\partial S = \overline{S} \cap \overline{(X \setminus S)}$$

是 X 上的一個閉集。

§8.3 拓樸基

對於拓樸空間，經由以上的討論，我們應該已有了初步的認識與瞭解。簡單地說，一個拓樸空間 X 就是在集合 X 上選取一些子集合，包括 X 和 $\emptyset$，並使得任意聯集和有限交集的運算在此集合族裡具封閉性。然後我們便把此集合族裡的集合稱作開集。因此一個拓樸空間 X 的存在，若以此觀點來看，似乎又有一些籠統，太形式化不夠具體。很自然地，這個時候就產生了另外一個問題，也就是說，是否可能存在更好或更直接的方式來描述這些開集？

底下，我們以傳統的歐氏空間來做說明。在傳統的歐氏空間 $\mathbb{R}^n$ 中，我們有標準的距離。很容易就可以看出任意一個開集都可以寫

§8.3 拓樸基

成開球的聯集。更進一步地說，我們甚至可以選取這些開球使得它們球心的座標和半徑皆為有理數，這也會使得這個開球族成為可數的。如此的觀察與選取對後續的研究和探討是有絕對性的助益。因而在數學上，當我們在研究拓樸空間時，就會衍生出拓樸基（base of a topology）的想法，以利後續對拓樸能做更清楚的描述。所以接著我們就來定義所謂的拓樸基。

定義 8.15. 假設 $(X, \mathcal{T})$ 是一個拓樸空間，且 $\mathcal{B}$ 是一個開集族。我們說 $\mathcal{B}$ 是拓樸 $\mathcal{T}$ 的一個基，如果 X 上的每一個開集都可以寫成 $\mathcal{B}$ 中開集的聯集。有時候我們也把拓樸基 $\mathcal{B}$ 中的開集稱作基本的開集。

當然，如果我們能夠得到或寫出越簡單、越清楚的拓樸基 $\mathcal{B}$，我們便能對拓樸 $\mathcal{T}$ 做更詳細的描述。比如說，在傳統的歐氏空間 $\mathbb{R}^n$ 中，選取那些球心的座標和半徑皆為有理數的開球來作拓樸基，就是一個很好的例子。

拓樸基有一個很清楚又很有用的性質，可以直接拿來刻劃拓樸基的存在。

定理 8.16. 假設 $\mathcal{B}$ 是拓樸空間 X 上的一個開集族。則 $\mathcal{B}$ 是拓樸空間 X 上的一個拓樸基若且唯若當 p 為 X 上的一個點且 U 為 p 的一個開鄰域時，存在一個開集 $V \in \mathcal{B}$ 滿足 $p \in V \subset U$。

證明： 對於 X 上的任意一個開集 U，和 U 上的任意一個點 p，如果我們都可以找到一個開集 $V_p \in \mathcal{B}$ 滿足 $p \in V_p \subset U$，則

$$U = \bigcup_{p \in U} V_p。$$

所以，$\mathcal{B}$ 是拓樸空間 X 上的一個拓樸基。另一個方向直接由拓樸基的定義就可以得到了。證明完畢。 □

有了以上對拓樸基的特徵化，我們便能特徵什麼樣的子集合族

可以成為拓樸空間 X 上的一個拓樸基。

定理 8.17. 假設 $\mathcal{B}$ 是 X 上的一個子集合族，包含 $\emptyset$。則 $\mathcal{B}$ 可以作為拓樸基生成 X 上的一個拓樸若且唯若 $\mathcal{B}$ 滿足底下兩性質：
  (i) 若 p 為 X 上的一個點，則存在一個 $V \in \mathcal{B}$ 使得 $p \in V$。
  (ii) 如果 $U, V \in \mathcal{B}$ 且 $p \in U \cap V$，則存在一個 $W \in \mathcal{B}$ 使得 $p \in W \subset U \cap V$。

證明： 如果 $\mathcal{B}$ 是拓樸空間 X 上的一個拓樸基，因為 X 和 $U \cap V$ 都是開集，所以 (i) 和 (ii) 都會成立。

反之，若子集合族 $\mathcal{B}$ 滿足性質 (i) 和 (ii)。令

$$\mathcal{T} = \{U \mid U = \bigcup_{\alpha \in \Lambda} V_\alpha, \text{其中 } V_\alpha \in \mathcal{B} \text{、} \Lambda \text{ 為一個指標集}\}。$$

我們只要證明 $\mathcal{T}$ 形成一個拓樸，那麼 $\mathcal{B}$ 就是拓樸空間 $(X, \mathcal{T})$ 上的一個基。

首先，很明顯地由 (i) 和假設，得知 $X, \emptyset \in \mathcal{T}$。接著，假設 $U_\beta \in \mathcal{T}$，其中 $\beta \in \Sigma$ 而 Σ 為一個指標集。因為每一個 U_β 依據定義都是 $\mathcal{B}$ 中集合的聯集，所以，$\bigcup_{\beta \in \Sigma} U_\beta$ 也是 $\mathcal{B}$ 中集合的聯集。因此，$\mathcal{T}$ 也滿足拓樸定義 8.1 中的 (ii)。

至於定義 8.1 中的 (iii)，我們只要證明 $\mathcal{T}$ 中任意兩個集合 U 和 V 的交集仍然屬於 $\mathcal{T}$ 就可以了。因此，假設 $p \in U \cap V$。由於 $U, V \in \mathcal{T}$ 都是 $\mathcal{B}$ 中集合的聯集，所以存在集合 $U_1, V_1 \in \mathcal{B}$，使得 $p \in U_1 \subset U$ 且 $p \in V_1 \subset V$。因此，得到 $p \in U_1 \cap V_1 \subset U \cap V$。再由假設 (ii) 保證可以找到 $\mathcal{B}$ 中的一個集合 W_p 使得

$$p \in W_p \subset U_1 \cap V_1 \subset U \cap V。$$

當然這也說明了

$$U \cap V = \bigcup_{p \in U \cap V} W_p。$$

所以，$\mathcal{T}$ 中任意兩個集合 U 和 V 的交集仍然在 $\mathcal{T}$ 裡面。證明完畢。 □

底下我們看幾個例子。

例 8.18. 令 $\mathcal{B} = \{(a,b) \mid -\infty < a < b < \infty\} \cup \{\emptyset\}$ 為 $\mathbb{R}$ 上的一個子集合族。不難看出 $\mathcal{B}$ 會生成歐氏空間 $\mathbb{R}$ 上標準的拓樸。所以 $\mathcal{B}$ 是歐氏空間 $\mathbb{R}$ 上標準拓樸的一個拓樸基。

例 8.19. 令 $\mathcal{B} = \{(a,b), (a,b)_{\mathbb{Q}} \mid -\infty < a < b < \infty\} \cup \{\emptyset\}$ 為 $\mathbb{R}$ 上的一個子集合族，其中 $(a,b)_{\mathbb{Q}} = (a,b) \cap \mathbb{Q}$。則 $\mathcal{B}$ 會滿足定理 8.17 中的性質 (i) 與 (ii)。性質 (i) 是明顯的。對於性質 (ii)，若 $p \in (a,b) \cap (c,d)$，選取一個夠小的 $\delta > 0$，就可以得到 $p \in (p-\delta, p+\delta) \subset (a,b) \cap (c,d)$。若 $p \in (a,b) \cap (c,d)_{\mathbb{Q}}$ 或 $p \in (a,b)_{\mathbb{Q}} \cap (c,d)_{\mathbb{Q}}$，則 $p \in \mathbb{Q}$。因此，同樣選取一個夠小的 $\delta > 0$，也可以得到 $p \in (p-\delta, p+\delta)_{\mathbb{Q}} \subset (a,b) \cap (c,d)_{\mathbb{Q}}$ 或 $p \in (p-\delta, p+\delta)_{\mathbb{Q}} \subset (a,b)_{\mathbb{Q}} \cap (c,d)_{\mathbb{Q}}$。

因此，$\mathcal{B}$ 也會生成 $\mathbb{R}$ 上的一個拓樸。此拓樸遠比 $\mathbb{R}$ 上標準的拓樸要大得多。因為
$$\mathbb{Q} = \bigcup_{n=1}^{\infty} (-n,n)_{\mathbb{Q}},$$
所以在此拓樸中有理數 $\mathbb{Q}$ 是一個開集，無理數 $\mathbb{R} \setminus \mathbb{Q}$ 則是一個閉集。這和 $\mathbb{R}$ 上標準的拓樸有明顯的差異。

§8.4 再訪連續函數

基於我們在度量空間對連續函數的瞭解，在這裡我們直接定義拓樸空間之間的連續函數。

定義 8.20. 假設 $f: X \to Y$ 是一個自拓樸空間 X 到拓樸空間 Y 的函數。我們說 f 是一個連續函數，如果對於 Y 的每一個開集 U，

$f^{-1}(U)$ 都是 X 上的一個開集。

符號 $f^{-1}(U)$ 表示集合 U 的前像集合，亦即，$f^{-1}(U) = \{x \in X \mid f(x) \in U\}$。我們有時候也會用連續映射一詞來表示一個自拓樸空間到另一個拓樸空間的連續函數。另外在討論函數的連續性時，函數逐點的連續性也非常重要，所以我們定義如下。

定義 8.21. 假設 $f : X \to Y$ 是一個自拓樸空間 X 到拓樸空間 Y 的函數，p 是 X 上的一點。我們說 f 在點 p 連續，如果對於 Y 的每一個開集 V 包含 $f(p)$，我們都可以在 X 上找到一個開集 U 滿足 $p \in U$，使得 $f(U) \subset V$。

底下的定理很清楚地把函數全域和局部的連續性做一連結。

定理 8.22. 假設 X 和 Y 是拓樸空間。則 $f : X \to Y$ 是一個連續函數若且唯若 f 在 X 上的每一個點連續。

證明： 假設 $f : X \to Y$ 是一個連續函數，且 p 是 X 上的一個點。若 V 是 Y 上一個包含 $f(p)$ 的開集，則 $f^{-1}(V)$ 是 X 上一個包含 p 的開集。所以在 X 上可以找到一個包含 p 的開集 U，使得 $p \in U \subset f^{-1}(V)$。因此，$f(U) \subset V$。這表示 f 在點 p 是連續的。

反過來說，假設 f 在 X 上的每一個點連續。如果 V 是 Y 上的一個開集，我們隨意在 $f^{-1}(V)$ 上取一個點 p，得到 $f(p) \in V$。由於假設 f 在點 p 連續，因此依據定義在 X 上可以找到一個包含 p 的開集 U，使得 $f(U) \subset V$。所以，$p \in U \subset f^{-1}(V)$。這說明 p 是 $f^{-1}(V)$ 的一個內點，同時也說明了 $f^{-1}(V)$ 是 X 上的一個開集。因此，$f : X \to Y$ 是一個連續函數。證明完畢。 □

接著，由定義 8.20 很容易就可以得到連續函數的合成函數也是連續的。

§8.4 再訪連續函數

定理 8.23. 假設 X、Y 和 Z 都是拓樸空間，且 $f : X \to Y$ 和 $g : Y \to Z$ 都是連續函數。則 $g \circ f : X \to Z$ 也是一個連續函數。

另外，我們也不難看出當 Y 是一個度量空間時，定義 8.21 是以下列的形式呈現出來。

定理 8.24. 假設 $(X, \mathcal{T})$ 是一個拓樸空間，(Y, d_Y) 是一個度量空間。一個函數 $f : X \to Y$ 在點 $p \in X$ 連續若且唯若，對於任意給定的正數 ϵ，我們在 X 上都可以找到一個包含 p 的開集 U，使得 $d_Y(f(x), f(p)) < \epsilon$，對於任意 $x \in U$ 都成立。

連續映射在拓樸學上扮演著一個重要的角色。在兩個拓樸空間 X 和 Y 之間，若存在一個一對一且映成的連續映射 $f : X \to Y$，使得反函數 $f^{-1} : Y \to X$ 也是一個連續映射，我們便說 f 是一個同胚映射（homeomorphism）或拓樸映射（topological mapping），同時也把 X 和 Y 稱作同胚的拓樸空間。

同胚映射在拓樸空間中是一個等價關係（equivalence relation）。因此，同胚這個概念可以把拓樸空間做一個分類。一個拓樸空間上的性質如果在同胚映射之下保持不變，我們便稱此性質為一個拓樸性質（topological property）。比如說，開集的結構在兩個同胚的拓樸空間是完全一致的。也因此我們可以大略地說，一個拓樸空間上的性質若能用開集的概念來表現，將會是一個拓樸性質。

例 8.25. $\mathbb{R}$ 上任何有限開區間 (a, b) 和 $\mathbb{R}$ 都是同胚的。

我們直接寫出一個自 (a, b) 到 $\mathbb{R}$ 的一對一且映成的連續函數如下：
$$f : (a, b) \to \mathbb{R},$$
$$x \mapsto f(x) = \tan\left(\frac{\pi}{b-a}\left(x - \frac{a+b}{2}\right)\right).$$

反函數 f^{-1} 也是一個連續函數。如果 $(a, b) = (-1, 1)$，我們也可以

寫出底下的同胚映射：

$$g : (-1, 1) \to \mathbb{R},$$
$$x \mapsto g(x) = \frac{x}{1-x^2}。$$

注意到 $(0, \infty)$ 與 $(0, 1)$ 或 $\mathbb{R}$ 也都是同胚的。因為 $f(x) = \frac{1-x}{x}$，$0 < x < 1$，就是一個自 $(0, 1)$ 到 $(0, \infty)$ 的同胚映射。

§8.5 再訪緊緻性

誠如對度量空間的理解一樣，在數學上當一個性質局部都成立的時候，我們常常會思考是否能因此推得這個性質在整個空間上也成立。一般而言，這是無法做到的。所以我們同樣必須在拓樸空間上引進一些新的概念，以方便達到此目的。緊緻性（compactness）的引進主要就是扮演這樣的一個角色。

在這裡我們還是要先定義覆蓋一詞的意義。假設 $(X, \mathcal{T})$ 是一個拓樸空間。我們說一個由開集所形成的開集族 $\mathcal{F}$ 是 X 的一個開覆蓋（open cover），如果 $X = \bigcup_{U \in \mathcal{F}} U$。若 $\mathcal{F}$ 中某些集合所形成的開集族 $\mathcal{F}_1 \subset \mathcal{F}$ 也能覆蓋 X 的話，則我們稱 $\mathcal{F}_1$ 為 $\mathcal{F}$ 的一個子覆蓋。底下我們直接引進緊緻性的概念。

定義 8.26. 我們說一個拓樸空間 $(X, \mathcal{T})$ 是緊緻的，如果對於 X 的每一個開覆蓋 $\mathcal{F}$ 都存在一個有限的子覆蓋。

底下是一些較直接的結果。

定理 8.27. 緊緻性是一個拓樸性質。

證明： 假設拓樸空間 X 和 Y 是同胚的，且 $f : X \to Y$ 是一個同胚映射。如果 X 是緊緻的，且開集族 $\mathcal{F} = \{U_\alpha\}_{\alpha \in \Lambda}$ 是 Y 的一

§8.5 再訪緊緻性

個開覆蓋，其中 Λ 是一個指標集。因為 f 是一個同胚映射，所以 $\tilde{\mathcal{F}} = \{f^{-1}(U_\alpha)\}_{\alpha \in \Lambda}$ 會形成 X 的一個開覆蓋。由於我們假設 X 是緊緻的，所以在 $\tilde{\mathcal{F}}$ 中可以找到有限個開集 $f^{-1}(U_{\alpha_1}), \cdots, f^{-1}(U_{\alpha_m})$，使得

$$X = \bigcup_{k=1}^{m} f^{-1}(U_{\alpha_k})。$$

因此，得到

$$Y = \bigcup_{k=1}^{m} U_{\alpha_k}。$$

這表示 $\mathcal{F}$ 中存在一個 Y 的有限的子覆蓋。所以 Y 也是緊緻的。證明完畢。 □

如果一個拓樸空間的拓樸是由一個拓樸基所生成，則在驗證緊緻性的時候，我們只需要考慮那些由基本開集所形成的開覆蓋就可以了，如下所述。

定理 8.28. 假設 X 為一個拓樸空間，其拓樸是由一個拓樸基 $\mathcal{B}$ 所生成。若 X 上每一個由 $\mathcal{B}$ 中基本開集所形成的開覆蓋都存在一個有限的子覆蓋，則 X 是緊緻的。

證明： 假設 $\mathcal{F} = \{U_\alpha\}_{\alpha \in \Lambda}$ 為 X 上的一個開覆蓋。因此對於任意點 $x \in X$，存在一個 $\alpha_x \in \Lambda$ 使得 $x \in U_{\alpha_x}$。又因為 X 上的拓樸是由拓樸基 $\mathcal{B}$ 所生成，所以存在一個 $V_x \in \mathcal{B}$ 使得 $x \in V_x \subset U_{\alpha_x}$。由此，得到

$$X = \bigcup_{x \in X} V_x。$$

這表示 $\{V_x\}_{x \in X}$ 是 X 的一個開覆蓋，且 $V_x \in \mathcal{B}$，對於任意 $x \in X$ 恆成立。因此，由假設得知我們可以在這樣的開覆蓋中找到一個有

限的子覆蓋，亦即，存在有限個點 $x_1, \cdots, x_m$ 使得

$$X = \bigcup_{j=1}^{m} V_{x_j}。$$

因為 $V_{x_j} \subset U_{\alpha_{x_j}}$，這當然隱含著

$$X = \bigcup_{j=1}^{m} U_{\alpha_{x_j}}。$$

所以 X 是緊緻的。證明完畢。 □

定理 8.29. 緊緻拓樸空間的閉子集也是緊緻的。

證明： 假設 E 是緊緻拓樸空間 X 的一個閉子集，且 $\mathcal{F} = \{U_\alpha\}_{\alpha \in \Lambda}$ 是 E 的一個開覆蓋。這裡 U_α ($\alpha \in \Lambda$) 是 X 上的開集。因此，$\mathcal{F} \cup \{X \setminus E\}$ 會形成 X 的一個開覆蓋。又因為 X 是緊緻的，所以在 $\mathcal{F}$ 中可以找到有限個開集 $U_{\alpha_1}, \cdots, U_{\alpha_m}$，使得

$$X = (\bigcup_{k=1}^{m} U_{\alpha_k}) \cup (X \setminus E)。$$

這表示

$$E \subset \bigcup_{k=1}^{m} U_{\alpha_k}。$$

所以 E 也是緊緻的。證明完畢。 □

但是，一般而言，一個拓樸空間的緊緻子集合卻並不一定是閉的。底下我們先證明每一個餘有限拓樸空間都是緊緻的。再利用此定理來構造出一個拓樸空間，觀察到它的緊緻子集合並不一定是閉的。

定理 8.30. 每一個餘有限拓樸空間都是緊緻的。

§8.5 再訪緊緻性

證明： 假設 $(X, \mathcal{T})$ 是一個餘有限拓樸空間，且 $\mathcal{F} = \{U_\alpha\}_{\alpha \in \Lambda}$ 是 X 的一個開覆蓋。從 $\mathcal{F}$ 中隨意選取一個 U_α，則 $X \setminus U_\alpha = \{x_1, \cdots, x_m\}$ 是一個有限集合。因為 $X = \bigcup_{\alpha \in \Lambda} U_\alpha$，所以對所有 $1 \le j \le m$，存在一個 $\alpha_j \in \Lambda$ 使得 $x_j \in U_{\alpha_j}$。因此，得到

$$X = U_\alpha \cup U_{\alpha_1} \cup \cdots \cup U_{\alpha_m} \text{。}$$

這說明了 $\mathcal{F}$ 中存在一個有限的子覆蓋。所以，$(X, \mathcal{T})$ 是一個緊緻的拓樸空間。證明完畢。 □

定理 8.30 其實說明了一個餘有限拓樸空間的每一個子集合都是緊緻的。利用此性質，我們可以給出一個例子說明一個拓樸空間的緊緻子集合不一定是閉的。

例 8.31. 在 $\mathbb{R}$ 上給予餘有限拓樸。若 E 為 $\mathbb{R}$ 上的一個閉集，則 $\mathbb{R} \setminus E$ 是一個開集。因此，依據餘有限拓樸的定義，開集的補集是一個有限的集合。所以 E 是 $\mathbb{R}$ 上的一個有限的集合。也就是說，在餘有限拓樸空間 $\mathbb{R}$ 上，一個子集合是閉集若且唯若它是一個有限的集合。又由於在一個餘有限拓樸空間裡每一個子集合都是緊緻的，所以現在我們只要在 $\mathbb{R}$ 上隨意選取一個不等於 $\mathbb{R}$ 的無窮子集合，比如說 $[0, 1]$，就是一個非閉的緊緻子集合。

定理 8.32. 假設 E 是一個豪斯多夫空間 X 的緊緻子集合，$p \in X \setminus E$。則存在兩個不相交的開集 U 和 V 分別包含 E 和 p，亦即，$E \subset U$，$p \in V$，且 $U \cap V = \emptyset$。

證明： 對於每一個點 $x \in E$，$x \ne p$，所以依據豪斯多夫空間的定義，存在不相交的開集 U_x 和 V_x 使得 $x \in U_x$ 且 $p \in V_x$。因此，

$$E \subset \bigcup_{x \in E} U_x \text{。}$$

也就是說，$\{U_x\}_{x \in E}$ 形成 E 的一個開覆蓋。又因為我們假設 E 是一個緊緻子集合，所以存在有限個開集 U_{x_j}（$1 \leq j \leq m$）使得

$$E \subset \bigcup_{j=1}^{m} U_{x_j} \text{。}$$

這個時候我們只要令 $U = \bigcup_{j=1}^{m} U_{x_j}$ 和 $V = \bigcap_{j=1}^{m} V_{x_j}$ 就可以了。證明完畢。 □

相對於例 8.31 的情形，我們由定理 8.32 可以推得下面的結果。

推論 8.33. 若 E 是一個豪斯多夫空間 X 的緊緻子集合，則 E 是一個閉集。

定理 8.34. 假設 X 是一個緊緻的豪斯多夫空間，E 和 F 是 X 中兩個不相交的閉集。則存在兩個不相交的開集 U 和 V 分別包含 E 和 F，亦即，$E \subset U$，$F \subset V$，且 $U \cap V = \emptyset$。

證明： 首先由定理 8.29 知道，E 和 F 都是 X 中的緊緻子集合。因此對於每一個點 $x \in E$，由假設得知 $x \notin F$。接著定理 8.32 保證存在兩個不相交的開集 U_x 和 V_x 分別包含 x 和 F。因此如同定理 8.32 的證明一樣，得到

$$E \subset \bigcup_{x \in E} U_x \text{。}$$

因為 E 是一個緊緻子集合，所以存在有限個開集 U_{x_j}（$1 \leq j \leq m$）使得

$$E \subset \bigcup_{j=1}^{m} U_{x_j} \text{。}$$

同樣地，這個時候我們只要令 $U = \bigcup_{j=1}^{m} U_{x_j}$ 和 $V = \bigcap_{j=1}^{m} V_{x_j}$ 就可以了。證明完畢。 □

§8.5 再訪緊緻性

一個拓樸空間 X 若具有定理 8.34 中所敘述之性質，亦即，對於 X 中任意兩個不相交的閉集 E 和 F，都存在兩個不相交的開集 U 和 V 分別包含 E 和 F，我們便說此拓樸空間 X 是正規的 (normal)。因此，一個緊緻的豪斯多夫空間是正規的。

定理 8.35. 假設 X 和 Y 為兩個拓樸空間，$f : X \to Y$ 為一個連續函數。若 X 是緊緻的，則 $f(X)$ 是 Y 的一個緊緻子集合。

證明： 假設 $\{V_\alpha\}_{\alpha \in \Lambda}$ 是 Y 上覆蓋 $f(X)$ 的一個開集族。因為 f 是一個連續函數，所以對於所有 $\alpha \in \Lambda$，$f^{-1}(V_\alpha)$ 皆為 X 上的開集且

$$X = \bigcup_{\alpha \in \Lambda} f^{-1}(V_\alpha)。$$

因此利用 X 的緊緻性，我們可以找到有限個開集 $f^{-1}(V_{\alpha_j})$，其中 $\alpha_j \in \Lambda$ 且 $1 \leq j \leq m$，使得

$$X = \bigcup_{j=1}^{m} f^{-1}(V_{\alpha_j})。$$

所以，得到

$$f(X) \subset \bigcup_{j=1}^{m} V_{\alpha_j}。$$

這表示 Y 上任何一個 $f(X)$ 的開覆蓋都存在一個有限的子覆蓋。證明完畢。 □

定理 8.36. 假設 X 是一個緊緻的拓樸空間，Y 是一個豪斯多夫空間，$f : X \to Y$ 為一個連續函數。若 f 是一個一對一函數，則 X 和 $f(X)$ 是同胚的。f 則為一個自 X 到 $f(X)$ 的同胚映射。

證明： 首先，若 f 是一個一對一函數，則反函數 $f^{-1} : f(X) \to X$ 是存在的。我們必須證明反函數 f^{-1} 是連續的。令 E 為 X 的一

個閉集合，由定理 8.29 知道，E 是 X 的一個緊緻子集合。再由定理 8.35 知道，$f(E)$ 是 Y 的一個緊緻子集合。因為 Y 是一個豪斯多夫空間，推論 8.33 告訴我們 $f(E)$ 是 Y 的一個閉子集合。由於 $(f^{-1})^{-1} = f$，這說明了反函數 f^{-1} 是 $f(X)$ 上的一個連續函數。因此 X 和 $f(X)$ 是同胚的。證明完畢。 □

定理 8.36 加上下一節裡即將講述之空間的連通性便可以用來解釋第 6 章中填滿正方形之曲線為什麼不能是一個一對一函數。

最後關於拓樸空間緊緻性這一部分，我們以下面的定理作為結束。

定理 8.37. 拓樸空間的緊緻性是與其背景空間無關的。也就是說，假設 X 是一個拓樸空間，Y 是 X 的一個子空間，且 $E \subset Y$，則在相對拓樸之下，E 是 Y 的一個緊緻子集若且唯若 E 是 X 的一個緊緻子集。

證明： 首先，假設 E 是 Y 的一個緊緻子集。令 $\mathcal{F} = \{U_\alpha\}_{\alpha \in \Lambda}$ 為 X 上 E 的一個開覆蓋。則在相對拓樸下，$\mathcal{F}_Y = \{V_\alpha \mid V_\alpha = U_\alpha \cap Y\}_{\alpha \in \Lambda}$ 為 Y 上 E 的一個開覆蓋。因此由 E 是 Y 上的一個緊緻子集的假設，存在有限個 V_{α_j}，其中 $\alpha_j \in \Lambda$ 且 $1 \leq j \leq m$，使得

$$E \subset \bigcup_{j=1}^{m} V_{\alpha_j}。$$

當然這也隱含著

$$E \subset \bigcup_{j=1}^{m} U_{\alpha_j}。$$

所以，E 是 X 的一個緊緻子集。

反過來說，假設 E 是 X 的一個緊緻子集。令 $\mathcal{F} = \{V_\beta\}_{\beta \in \Sigma}$ 為 Y 上 E 的一個開覆蓋。因此在相對拓樸之下，對於每一個 $\beta \in \Sigma$，都存在一個 X 上的開集 U_β，使得 $V_\beta = U_\beta \cap Y$。因此，$\{U_\beta\}_{\beta \in \Sigma}$ 形

成 X 上 E 的一個開覆蓋。再由假設 E 是 X 的一個緊緻子集得知，存在有限個 U_{β_k}，其中 $\beta_k \in \Sigma$ 且 $1 \leq k \leq n$，使得

$$E \subset \bigcup_{k=1}^{n} U_{\beta_k}。$$

因此，我們也得到

$$E = E \cap Y \subset \bigcup_{k=1}^{n}(U_{\beta_k} \cap Y) = \bigcup_{k=1}^{n} V_{\beta_k}。$$

這說明了 E 是 Y 的一個緊緻子集。證明完畢。 □

至於拓樸空間中開集、閉集的概念則與其背景空間是有絕對的關係。比如說，如果 $E = (0,1)$，$Y = \mathbb{R}$，$X = \mathbb{R}^2$，則 E 是 Y 上的一個開集，但是 E 不是 X 上的一個開集；如果 $E = Y = (0,1)$，$X = \mathbb{R}$，則 E 是 Y 上的一個閉集，但是 E 不是 X 上的一個閉集。

§8.6　連通性

在本節裡我們將介紹拓樸空間的連通性（connectedness），它是一個非常自然的概念。因為如果有兩個不相交的拓樸空間 $(X, \mathcal{T}_X)$ 和 $(Y, \mathcal{T}_Y)$，當然我們可以考慮一個新的拓樸空間 $(W, \mathcal{T}_W)$，$W = X \cup Y$，定義 U 為 W 上的一個開集若且唯若 $U_X = U \cap X \in \mathcal{T}_X$ 和 $U_Y = U \cap Y \in \mathcal{T}_Y$。由於 W 上拓樸結構的關係，W 上的拓樸性質基本上都源自於 X 和 Y 上的拓樸性質，也就是說，如果我們清楚 X 和 Y 上的拓樸性質，大致上我們就瞭解 W 上的拓樸性質。直覺上，子空間 X 和 Y 似乎把 W 做了一個分離或切割，它們之間反而沒有什麼直接的關聯。這就是為什麼拓樸空間的連通性需要被導入的一個很重要的因素。因此底下我們就直接定義拓樸空間的連通性。

定義 8.38. 我們說一個拓樸空間 X 是不連通的（disconnected），如果存在兩個非空的開集 U 和 V 使得 $U \cap V = \emptyset$ 且 $X = U \cup V$。若

X 不是不連通的,我們便說 X 是連通的 (connected)。另外,如果一個拓樸空間 X 的子集合 E 自己在相對拓樸之下是連通的,我們便說 E 是連通的。

由拓樸空間連通性的定義,我們很容易就可以得到以下的定理。

定理 8.39. 假設 X 和 Y 是兩個拓樸空間,$f : X \to Y$ 是一個連續函數。若 X 是連通的,則 $f(X)$ 也是連通的。

證明: 如果 $f(X)$ 是不連通的,依據不連通性的定義,則在 $f(X)$ 上存在兩個非空的開集 U 和 V,使得 $U \cap V = \emptyset$ 且 $f(X) = U \cup V$。因為 f 是一個連續函數,所以 $f^{-1}(U)$ 和 $f^{-1}(V)$ 是 X 上的兩個非空的開集,滿足 $f^{-1}(U) \cap f^{-1}(V) = \emptyset$ 和 $X = f^{-1}(U) \cup f^{-1}(V)$。這和 X 是連通的假設產生矛盾。所以 $f(X)$ 也是連通的。證明完畢。 □

因此,得到以下的結論。

定理 8.40. 拓樸空間的連通性是一個拓樸性質。

接著我們證明一個很有用的定理。

定理 8.41. 假設 X 是一個拓樸空間,$\{E_\alpha\}_{\alpha \in \Lambda}$ 是 X 上的連通子集合族。若 $E_\alpha \cap E_\beta \neq \emptyset$,對於 Λ 中任意兩個指標 α 和 β 都成立,則 $W = \bigcup_{\alpha \in \Lambda} E_\alpha$ 也是連通的。

證明: 假設 U 和 V 是 W 上的兩個開集,滿足 $U \cap V = \emptyset$ 和 $W = U \cup V$。我們要證明 U 和 V 之間有一個是空集合。

首先,對於 Λ 中每一個指標 α,E_α 必須完全落在 U 或 V 裡面,否則 $E_\alpha = (U \cap E_\alpha) \cup (V \cap E_\alpha)$ 會不連通的,與假設相矛盾。所以我們可以假設有一個 $E_\beta \subset U$。但是這個條件會強迫所有的

§8.6 連通性

E_α 都落在 U 裡面。因為如果有一個 E_{α_1} 落在 V 裡面,便會造成 $E_\beta \cap E_{\alpha_1} = \emptyset$。這也是一個矛盾。因此得到 $W = U$ 和 $V = \emptyset$。所以 $W = \bigcup_{\alpha \in \Lambda} E_\alpha$ 也是連通的。證明完畢。 □

現在,對於拓樸空間 X 上的每一個點 x,我們定義 $C(x)$ 為 X 上所有包含點 x 之連通子集合的聯集。定理 8.41 告訴我們,$C(x)$ 自己是 X 上包含點 x 最大的連通子集合。很明顯地,我們有以下結果。

定理 8.42. 若 x 和 y 為拓樸空間 X 上的任意兩點,則 $C(x) = C(y)$ 或 $C(x) \cap C(y) = \emptyset$ 只有一種情形會成立。

證明: 因為,如果 $C(x) \neq C(y)$ 且 $C(x) \cap C(y) \neq \emptyset$,則 $C(x) \cup C(y)$ 會形成一個比 $C(x)$ 更大,但又包含點 x 的連通子集合。這和 $C(x)$ 的定義是互相矛盾的。證明完畢。 □

因此,我們把 $C(x)$ 稱為 X 上包含點 x 的連通分域 (connected component)。不難看出連通分域把一個拓樸空間 X 分割成一些最大連通子集合的聯集。另外,拓樸空間 X 上的一個點 p 如果會使得 $X \setminus \{p\}$ 成為不連通的,我們便說點 p 是 X 的一個分割點 (cut point)。比如說,點 p 滿足 $0 < p < 1$,都是閉區間 $[0, 1]$ 的一個分割點。因為 $[0, 1] \setminus \{p\} = [0, p) \cup (p, 1]$ 是不連通的。

定義 8.43. 我們說一個拓樸空間 X 是全域不連通的 (totally disconnected),如果每一個連通分域都是單點所形成的集合,亦即,$C(x) = \{x\}$ 對於 X 上的每一個點 x 都成立。

底下是一些直接的例子和性質。

例 8.44. $\mathbb{R}$ 上的任意區間都是連通的。

證明： 首先我們證明閉區間 $[0,1]$ 是連通的。假設 U 和 V 是 $[0,1]$ 上的兩個開集，滿足 $[0,1] = U \cup V$ 和 $U \cap V = \emptyset$。因此，可以假設 $1 \notin V$。所以我們只要證明 $V = \emptyset$ 就可以了。

如果 $V \neq \emptyset$，因為 $V \subset [0,1]$，所以由實數系的完備公設可以得到 $m = \sup\{t \mid t \in V\}$。符號 sup 表示集合 V 的最小上界。因為 $V = [0,1] \setminus U$ 在 $[0,1]$ 上是閉的，所以，$m \in V$。因此，$m < 1$。但是依據假設 V 在 $[0,1]$ 上又是開的，所以存在一個很小的正數 δ，使得 $[m, m+\delta) \subset V$。這又和 m 是 V 的最小上界相互矛盾。所以，$V = \emptyset$。證明完畢。

因此，任何有限閉區間 $[a,b]$，拓樸同構於 $[0,1]$，都是連通的。至於其他區間的連通性便可以透過定理 8.41 得到。比如說，$(0,1) = \bigcup_{n=3}^{\infty}[\frac{1}{n}, 1-\frac{1}{n}]$、$[0,1) = \bigcup_{n=2}^{\infty}[0, 1-\frac{1}{n}]$、$(0,\infty) = \bigcup_{n=1}^{\infty}[\frac{1}{n}, n]$ 都是連通的。 □

定理 8.45. 一個拓樸空間 X 上的每一個連通分域都是閉的。

證明： 假設 E 是 X 上的一個連通分域。我們要證明 $\overline{E}$ 也是連通的。因為連通分域是 X 上最大的連通子集合，由此便可以得到 $E = \overline{E}$。所以 E 是閉的。

因此，假設 U 和 V 是 $\overline{E}$ 上的兩個開集，滿足 $U \cap V = \emptyset$ 且 $\overline{E} = U \cup V$。由於 E 是 X 上的一個連通分域，所以 $E \cap U$ 和 $E \cap V$ 中有一個必須是空集合。假設 $E \cap V = \emptyset$。又由相對拓樸的定義知道，存在 X 上的一個開集 W 使得 $V = W \cap \overline{E}$。因此，$\emptyset = E \cap V = E \cap W \cap \overline{E} = E \cap W$。這說明了 W 裡的每一個點都不是 E 的附著點，亦即，$V = W \cap \overline{E} = \emptyset$。所以 $\overline{E}$ 是連通的。證明完畢。 □

在這裡我們必須注意到，定理 8.45 證明了拓樸空間上的每一個連通分域都是閉的。但是，一般而言，拓樸空間上的連通分域並不

§8.6 連通性

一定是開的。底下的例子會說明此一現象。

例 8.46. $\mathbb{R}$ 上子集合 $E = \{0\} \cup \{\frac{1}{k} \mid k \in \mathbb{N}\}$ 是全域不連通的。因為任何一個點 $\frac{1}{k}$ ($k \in \mathbb{N}$) 都不會屬於連通分域 $C(0)$，我們可以用 $E \cap [0, \frac{2k+1}{2k(k+1)})$ 和 $E \cap (\frac{2k+1}{2k(k+1)}, 1]$ 把 E 分開。所以，$C(0) = \{0\}$。其中連通分域 $\{\frac{1}{k}\}$ ($k \in \mathbb{N}$) 都是又開又閉的。唯獨連通分域 $C(0)$ 是閉的，但不是開的。因為在相對拓樸之下，0 的每一個開鄰域都會包含其他的點。這也說明了一個拓樸空間 X 上的連通分域不一定是開的。

在討論完一般拓樸空間的連通性之後，我們也可以繼續討論拓樸空間 X 上另外一種連通的概念，亦即，所謂的路徑連通性（path connectedness or arcwise connectedness）。所以我們先定義在一個拓樸空間中什麼是路徑。

定義 8.47. 假設 X 是一個拓樸空間，x_0 和 x_1 是 X 上的兩個點。我們說 γ 是 X 上一條自 x_0 到 x_1 的路徑，表示 γ 是一個連續函數

$$\gamma : [0,1] \to X,$$

滿足 $\gamma(0) = x_0$ 和 $\gamma(1) = x_1$。如果對於 X 上任意兩個點 x_0 和 x_1 都存在一條路徑連結 x_0 和 x_1，我們便說 X 是一個路徑連通的空間。有時候符號 γ 也用來表示 γ 的值域 $\gamma([0,1])$，亦即，一條路徑。

首先，由我們對連續函數和拓樸空間上連通性的瞭解，可以知道路徑連通性是一個拓樸性質，並且路徑 γ 在 X 上也是連通的。另外，X 上兩個點之間的路徑連通性是一個等價關係，它滿足底下等價關係的三個要求：

(i) 自反律（reflexive law）。對於 X 上的任何一個點 x，都存在一條路徑連結 x 自己。

我們只要取一個常數函數

$$\gamma(t) = x, \quad 0 \leq t \leq 1,$$

作為路徑就可以了。

(ii) 對稱律（symmetric law）。對於 X 上的任意兩個點 x 和 y，若存在一條路徑自 x 到 y，則也存在一條路徑自 y 到 x。

假設 α 是 X 上一條自 x 到 y 的路徑，則

$$\gamma(t) = \alpha(1-t), \quad 0 \leq t \leq 1,$$

就是一條自 y 到 x 的路徑。

(iii) 遞移律（transitive law）。對於 X 上的任意三個點 x、y 和 z，若存在一條路徑自 x 到 y 和一條路徑自 y 到 z，則存在一條路徑自 x 到 z。

假設 α 是 X 上一條自 x 到 y 的路徑，β 是一條自 y 到 z 的路徑，則

$$\gamma(t) = \begin{cases} \alpha(2t), & 0 \leq t \leq \frac{1}{2}, \\ \beta(2t-1), & \frac{1}{2} \leq t \leq 1, \end{cases}$$

就是一條自 x 到 z 的路徑。

因此，路徑連通性的等價關係會把 X 分割成一些彼此不相交的分域，稱作路徑連通分域（arcwise connected component）。在每一個路徑連通分域中的任意兩個點，都可以在此分域中找到一條路徑連結它們。反之，若兩個點分屬於兩個不同的分域，則不存在一條路徑連結它們。由於路徑是連通的，因此透過定理 8.41，我們馬上就可以得到下面的定理。

定理 8.48. 在拓樸空間 X 中，任意一個路徑連通子集都是連通的。

證明： 假設 E 是 X 上的一個路徑連通子集。隨意在 E 上取一個點 p 當作參考點。現在，若 x 為 E 上任意的一個點，令 γ_x 為 E 上一

§8.6 連通性

條自 p 到 x 的路徑。因為 γ_x 是一個連通子集，且 $p \in \gamma_x \cap \gamma_y$，對於 E 上任意兩點 x 和 y 都成立，所以依據定理 8.41，

$$E = \bigcup_{x \in E} \gamma_x，$$

也是連通的。證明完畢。□

反過來說，則不一定成立。在拓樸空間中，一個連通子集不一定是路徑連通的。底下的例子可以用來說明此一現象。

例 8.49. 在這裡我們構造一個 $\mathbb{R}^2$ 中連通，但又不是路徑連通的子集合 $X = X_1 \cup X_2$，如下：

$$X_1 = \{(x, 0) \mid -1 \leq x \leq 0\}，$$
$$X_2 = \{(x, \sin \frac{1}{x}) \mid 0 < x \leq 1\}。$$

首先，很容易地由 X_1 和 X_2 的定義看出它們都是各自連通的。再由定理 8.45 得知，在 X 中，包含 X_2 的連通分域 $C((1, \sin 1))$ 是閉的。這個時候特別注意到點 $(0,0)$ 是 X_2 的一個附著點，所以 $(0,0) \in C((1, \sin 1))$。因此由定理 8.41 可以推得 $X_1 \cup C((1, \sin 1)) = X$ 也是連通的。

另外，X_1 和 X_2 也都是各自路徑連通的。但是，$X = X_1 \cup X_2$ 不是路徑連通的。因為點 $(0,0)$ 無法以一條連續的路徑連結到 X_2 裡的任何一個點。如果可以的話，我們只要以點 $(0,0)$ 為中心點作一個半徑為 $\frac{1}{10}$ 的開圓盤，就可以從路徑的連續性得到矛盾。因此，$X = X_1 \cup X_2$ 不是路徑連通的。這又說明了連通子集本身不一定是路徑連通的。

這個例子也說明了 X 中路徑連通分域 X_1 不是開的，因為點 $(0,0)$ 的任何一個開鄰域都會碰到 X_2；路徑連通分域 X_2 不是閉的，因為在 X 中有一個 X_2 的附著點 $(0,0)$ 不在 X_2 裡。這也和定理 8.45 形成不一樣的對比。

§8.7 有限乘積空間

在這一節裡，我們要探討有限個拓樸空間乘積的問題。關於這樣的問題，一個很值得參考的例子就是高維度的歐氏空間 $\mathbb{R}^n$，$n \geq 2$。基於我們對 $\mathbb{R}^n$ 的瞭解，知道若 U_j ($1 \leq j \leq n$) 為 $\mathbb{R}$ 上的開集，則 $U = U_1 \times \cdots \times U_n$ 就是 $\mathbb{R}^n$ 上的一個開集。更重要的觀察是 $\mathbb{R}^n$ 上的每一個開集都是這種開集的聯集。因此，這種由乘積所形成的開集便成為 $\mathbb{R}^n$ 上的一個拓樸基。

有了這樣的認識之後，當我們想要在乘積空間上引進一個拓樸時，就很自然地會聯想到此情形。所以底下我們直接在乘積空間上定義一個拓樸基。

定義 8.50. 若 $(X_j, \mathcal{T}_j)$ 為拓樸空間（其中 $1 \leq j \leq n$），我們在乘積空間 $X = X_1 \times \cdots \times X_n$ 上定義一個拓樸，稱作乘積拓樸 (product topology)，它是由底下的拓樸基

$$\mathcal{B} = \{U_1 \times \cdots \times U_n \mid U_j \text{ 為 } X_j \text{ 上的一個開集}, 1 \leq j \leq n\}$$

所生成。

定義 8.50 是有意義的，因為 $\mathcal{B}$ 上任意兩集合的交集

$$(U_1 \times \cdots \times U_n) \cap (V_1 \times \cdots \times V_n) = (U_1 \cap V_1) \times \cdots \times (U_n \cap V_n)$$

也在 $\mathcal{B}$ 裡面，滿足定理 8.17(ii) 的要求。另外，我們也定義自 X 到 X_j ($1 \leq j \leq n$) 的投影 π_j 如下：

$$\pi_j : X = X_1 \times \cdots \times X_n \to X_j,$$
$$x = (x_1, \cdots, x_n) \mapsto \pi_j(x) = x_j.$$

由 π_j 的定義，若 U_j 為 X_j 上的一個開集，馬上就可以得到

$$\pi_j^{-1}(U_j) = X_1 \times \cdots \times X_{j-1} \times U_j \times X_{j+1} \times \cdots \times X_n$$

§8.7 有限乘積空間

也在 $\mathcal{B}$ 裡面。所以投影 π_j 是一個連續映射。同時，投影 π_j 也是一個開映射（open map），亦即，π_j 把 X 上的開集送成 X_j 上的一個開集。理由很簡單，因為，若 $U_1 \times \cdots \times U_n \in \mathcal{B}$，則

$$\pi_j(U_1 \times \cdots \times U_n) = U_j$$

是 X_j 上的一個開集。再加上映射會保持聯集，因此 π_j 是一個開映射，把 X 上的開集送成 X_j 上的一個開集。

定理 8.51. 假設 Y 是一個拓樸空間，f 是一個自 Y 到乘積空間 $X = X_1 \times \cdots \times X_n$ 的函數。則 f 為一個連續函數若且唯若 $\pi_j \circ f$ $(1 \le j \le n)$ 為一個連續函數。

證明： 若 f 為一個連續函數，由於投影 π_j 也是一個連續映射，所以合成函數 $\pi_j \circ f$ 為一個連續函數。

反之，若 $\pi_j \circ f$ $(1 \le j \le n)$ 為一個連續函數。令 $U = U_1 \times \cdots \times U_n$ 為 X 上的一個基本開集。則

$$\begin{aligned} f^{-1}(U) &= f^{-1}(U_1 \times \cdots \times U_n) \\ &= f^{-1}(\pi_1^{-1}(U_1) \cap \cdots \cap \pi_n^{-1}(U_n)) \\ &= f^{-1}(\pi_1^{-1}(U_1)) \cap \cdots \cap f^{-1}(\pi_n^{-1}(U_n)) \\ &= (\pi_1 \circ f)^{-1}(U_1) \cap \cdots \cap (\pi_n \circ f)^{-1}(U_n) \end{aligned}$$

是 Y 上的一個開集。再加上函數的前像會保持聯集，所以 f 為一個連續函數。證明完畢。 $\square$

現在，若 $(x_1, \cdots, x_n)$ 為乘積空間 $X = X_1 \times \cdots \times X_n$ 上的一個點。我們可以利用此點在 X 上切出一些子空間，比如說，$\{x_1\} \times \cdots \times \{x_{j-1}\} \times X_j \times \{x_{j+1}\} \times \cdots \times \{x_n\}$，$1 \le j \le n$。我們很容易就可以推得底下的結果。

引理 8.52. 在相對拓樸之下，$\{x_1\} \times \cdots \times \{x_{j-1}\} \times X_j \times \{x_{j+1}\} \times \cdots \times \{x_n\}$ 和 X_j $(1 \leq j \leq n)$ 是拓樸同構的，亦即，同胚的。

證明： 假設 $j = 1$。由以上的討論得知投影 π_1 是一個連續映射。因此當我們把 π_1 限制到 $X_1 \times \{x_2\} \times \cdots \times \{x_n\}$ 時，在相對拓樸之下，它是一個一對一且映成的連續映射，也是一個開映射。所以是一個同胚映射。證明完畢。 □

這也說明了下面的嵌入映射（embedding map）
$$e_j : X_j \to \{x_1\} \times \cdots \times \{x_{j-1}\} \times X_j \times \{x_{j+1}\} \times \cdots \times \{x_n\},$$
$$x_j \mapsto e_j(x_j) = (x_1, \cdots, x_{j-1}, x_j, x_{j+1}, \cdots, x_n),$$
也是一個同胚映射。

定義 8.53. 若在一個空間 X 上給定兩個拓樸 $\mathcal{T}_1$ 和 $\mathcal{T}_2$，如果 $\mathcal{T}_1 \subset \mathcal{T}_2$，我們便說拓樸 $\mathcal{T}_1$ 小於 $\mathcal{T}_2$。

依據這種講法，我們不難推得底下的定理。

定理 8.54. 在乘積空間 $X = X_1 \times \cdots \times X_n$ 上所定義的乘積拓樸是使得投影 π_j $(1 \leq j \leq n)$ 成為連續映射的最小拓樸。

證明： 假設在 X 上一個拓樸 $\mathcal{T}$ 之下，投影 π_j $(1 \leq j \leq n)$ 為連續映射。現在，若 U_j 為 X_j 上的一個開集，則由 π_j 的連續性知道
$$\pi_j^{-1}(U_j) = X_1 \times \cdots \times X_{j-1} \times U_j \times X_{j+1} \times \cdots \times X_n$$
為 X 上的一個開集，因此 $\pi_j^{-1}(U_j) \in \mathcal{T}$。所以
$$\pi_1^{-1}(U_1) \cap \cdots \cap \pi_n^{-1}(U_n) = U_1 \times \cdots \times U_n$$
也在 $\mathcal{T}$ 裡面。這表示 $\mathcal{T}$ 已經包含了生成乘積拓樸的拓樸基，所以乘積拓樸比 $\mathcal{T}$ 小。證明完畢。 □

§8.7 有限乘積空間

接下來，我們要回到本節最主要的宗旨。也就是說，當我們在乘積空間 $X = X_1 \times \cdots \times X_n$ 上引進了所謂的乘積拓樸，一個很自然的問題就是，什麼樣的拓樸性質可以自分量空間上被保持到乘積空間？一般而言，這是做不到的。比如說，拓樸空間的正規性就沒有辦法被保持到乘積空間。底下我們將敘述和證明幾個可以被保持到乘積空間的拓樸性質。其中最具挑戰性的就是吉洪諾夫定理。吉洪諾夫（Andrey Nikolayevich Tychonoff，1906–1993）是俄國的數學家。這個定理告訴我們，由有限個緊緻拓樸空間所形成的乘積空間也是一個緊緻的拓樸空間。

定理 8.55. 若 X_j $(1 \leq j \leq n)$ 為豪斯多夫空間，則其乘積空間 $X = X_1 \times \cdots \times X_n$ 也是一個豪斯多夫空間。

證明： 若 $x = (x_1, \cdots, x_n)$ 和 $y = (y_1, \cdots, y_n)$ 為 X 上的相異兩點，我們可以假設 $x_1 \neq y_1$。由於依據假設，X_1 是一個豪斯多夫空間，我們可以在 X_1 上找到兩個不相交的開集 U_1 和 V_1 使得 $x_1 \in U_1$ 和 $y_1 \in V_1$。因此，就可以在 X 上找到兩個不相交的基本開集

$$U_1 \times X_2 \times \cdots \times X_n \text{ 和 } V_1 \times X_2 \times \cdots \times X_n$$

使得

$$x \in U_1 \times X_2 \times \cdots \times X_n \text{ 和 } y \in V_1 \times X_2 \times \cdots \times X_n。$$

所以 X 也是一個豪斯多夫空間。證明完畢。 □

定理 8.56. 若 X_j $(1 \leq j \leq n)$ 為連通的拓樸空間，則其乘積空間 $X = X_1 \times \cdots \times X_n$ 也是一個連通的拓樸空間。

證明： 假設 E 為 X 上的一個非空且又開又閉的子集合。現在自 E 中隨意取一個點 $w = (w_1, \cdots, w_n) \in E$。則在相對拓樸之下，

$$F_1 = E \cap (X_1 \times \{w_2\} \times \cdots \times \{w_n\})$$

為 $X_1 \times \{w_2\} \times \cdots \times \{w_n\}$ 上的一個非空且又開又閉的子集合。再由引理 8.52 得到，$\pi_1(E_1)$ 為 X_1 上的一個非空且又開又閉的子集合。現在依據假設，X_1 是一個連通的拓樸空間，所以 $\pi_1(E_1) = X_1$。這說明了

$$X_1 \times \{w_2\} \times \cdots \times \{w_n\} \subset E。$$

所以，如果我們對分量空間 X_j（其中 $2 \leq j \leq n$）也重複同樣的討論，就會得到

$$X_1 \times X_2 \times \cdots \times X_n \subset E，$$

亦即，$E = X$。證明完畢。 □

定理 8.57. 若 X_j（$1 \leq j \leq n$）為路徑連通的拓樸空間，則其乘積空間 $X = X_1 \times \cdots \times X_n$ 也是一個路徑連通的拓樸空間。

證明： 假設 $x = (x_1, \cdots, x_n)$ 和 $y = (y_1, \cdots, y_n)$ 為 X 上的兩個點。因為 X_j（$1 \leq j \leq n$）為路徑連通，所以存在連續函數 $\gamma_j : [0,1] \to X_j$ 使得 $\gamma_j(0) = x_j$ 且 $\gamma_j(1) = y_j$。由此，可以定義

$$\gamma : [0,1] \to X = X_1 \times \cdots \times X_n，$$
$$t \mapsto \gamma(t) = (\gamma_1(t), \cdots, \gamma_n(t))。$$

因為 $\pi_j \circ \gamma = \gamma_j$（$1 \leq j \leq n$）為連續函數，由定理 8.51 得知，$\gamma$ 也是一個連續函數且 $\gamma(0) = x$、$\gamma(1) = y$。所以乘積空間 X 是一個路徑連通的拓樸空間。證明完畢。 □

定理 8.58.（吉洪諾夫定理） 若 X_j（$1 \leq j \leq n$）為緊緻拓樸空間，則其乘積空間 $X = X_1 \times \cdots \times X_n$ 也是一個緊緻的拓樸空間。

證明： 首先，可以設 $n = 2$，並由定理 8.28 知道，我們只要驗證由基本開集所形成的開覆蓋就可以了。因此，假設

$$\mathcal{F} = \{U_\alpha \times V_\alpha \mid U_\alpha、V_\alpha \text{ 分別是 } X_1 \text{ 和 } X_2 \text{ 上的一個開集}\}_{\alpha \in \Lambda}$$

§8.7 有限乘積空間

是 X 上的一個開覆蓋。

接著，固定 X_2 上的一個點 y。因為 $X_1 \times \{y\}$ 和 X_1 是同胚的，所以 $X_1 \times \{y\}$ 是 X 上的一個緊緻子集合。因此可以自開覆蓋 $\mathcal{F}$ 中找到一個有限的子覆蓋，亦即，

$$X_1 \times \{y\} \subset (U_{\alpha_1} \times V_{\alpha_1}) \cup \cdots \cup (U_{\alpha_m} \times V_{\alpha_m})。$$

我們可以假設 $y \in V_{\alpha_j}$，$1 \leq j \leq m$。因此，令

$$V_y = \bigcap_{j=1}^{m} V_{\alpha_j}$$

為一個 X_2 上點 y 的開鄰域。此時注意到

$$X_1 \times V_y \subset (U_{\alpha_1} \times V_{\alpha_1}) \cup \cdots \cup (U_{\alpha_m} \times V_{\alpha_m})。$$

另外也得到

$$X_2 = \bigcup_{y \in X_2} V_y。$$

又因為我們假設 X_2 也是緊緻的，所以存在有限個點 $y_l \in X_2$（$1 \leq l \leq k$）使得

$$X_2 = \bigcup_{l=1}^{k} V_{y_l}。$$

這隱含著

$$X = X_1 \times X_2 = \bigcup_{l=1}^{k} (X_1 \times V_{y_l})。$$

由於對每個 l（$1 \leq l \leq k$），$X_1 \times V_{y_l}$ 都可以用開覆蓋 $\mathcal{F}$ 中有限個開集就可以蓋住，當然 X 也可以用開覆蓋 $\mathcal{F}$ 中有限個開集就可以蓋住。證明完畢。 □

§8.8　後語

　　總結而言，以上數節對於拓樸空間的論述，主要是局限於點集拓樸這方面，應該只是個入門的介紹。我們並未涉獵到代數拓樸（algebraic topology）這個領域，比如說，同倫論（homotopy theory）和同調論（homology theory）。讀者很容易就會發現，在本章裡我們談到的內容基本上和第 7 章的度量空間在很多地方是平行的，只是把傳統的距離觀念以開集的概念取而代之。也就是說，數學上在沒有距離的觀念之下，我們也可以對很多問題做廣泛的討論，只要我們在空間中引進開集的概念。這是一種推廣，也是一種整合。當我們在一個具有更一般設定的空間中討論問題時，所得到的結論常常也是更具一般性，令人驚豔。有時候也會對先前所得到的結果提供一個更深入的理解與看法。

　　拓樸學發展到現在，早已形成數學裡一個重要的領域，解決了數學上很多的問題與疑點。有興趣的讀者可以自行往這一方面再做鑽研。

§8.9　參考文獻

[1] T. W. Gamelin and R. E. Greene, *Introduction to Topology*, 2nd ed., Dover Publications, Mineola, NY, 1999.

[2] J. R. Munkres, *Topology: A First Course*, Prentice-Hall, Englewood Cliffs, NJ, 1975.

國家圖書館出版品預行編目資料

數學：讀、想 / 程守慶著. -- 初版. -- 新北市：
華藝學術出版：華藝數位發行, 2020.11
184 面；14.8 × 21 公分
ISBN 978-986-437-182-2 (平裝)
1. 數學
310   109015883

數學：讀、想

作　　者	程守慶
責任編輯	姚秉毅
封面設計	蔡宜珊
版面編排	姚秉毅

發 行 人	常效宇
總 編 輯	張慧銖
業　　務	吳怡慧
出　　版	華藝數位股份有限公司　學術出版部（Ainosco Press）
	地　　址：234 新北市永和區成功路一段 80 號 18 樓
	電　　話：(02)2926-6006　傳真：(02)2923-5151
	服務信箱：press@airiti.com
發　　行	華藝數位股份有限公司
	戶名（郵政／銀行）：華藝數位股份有限公司
	郵政劃撥帳號：50027465
	銀行匯款帳號：0174440019696（玉山商業銀行 埔墘分行）
法律顧問	立暘法律事務所　歐宇倫律師
ISBN	9789864371822
DOI	10.978.986437/1822
出版日期	2020 年 11 月初版
定　　價	新台幣 480 元

版權所有・翻印必究　Printed in Taiwan
（如有缺頁或破損，請寄回本社更換，謝謝）